ラオス
豊かさと「貧しさ」のあいだ

現場で考えた国際協力とＮＧＯの意義

新井 綾香

コモンズ

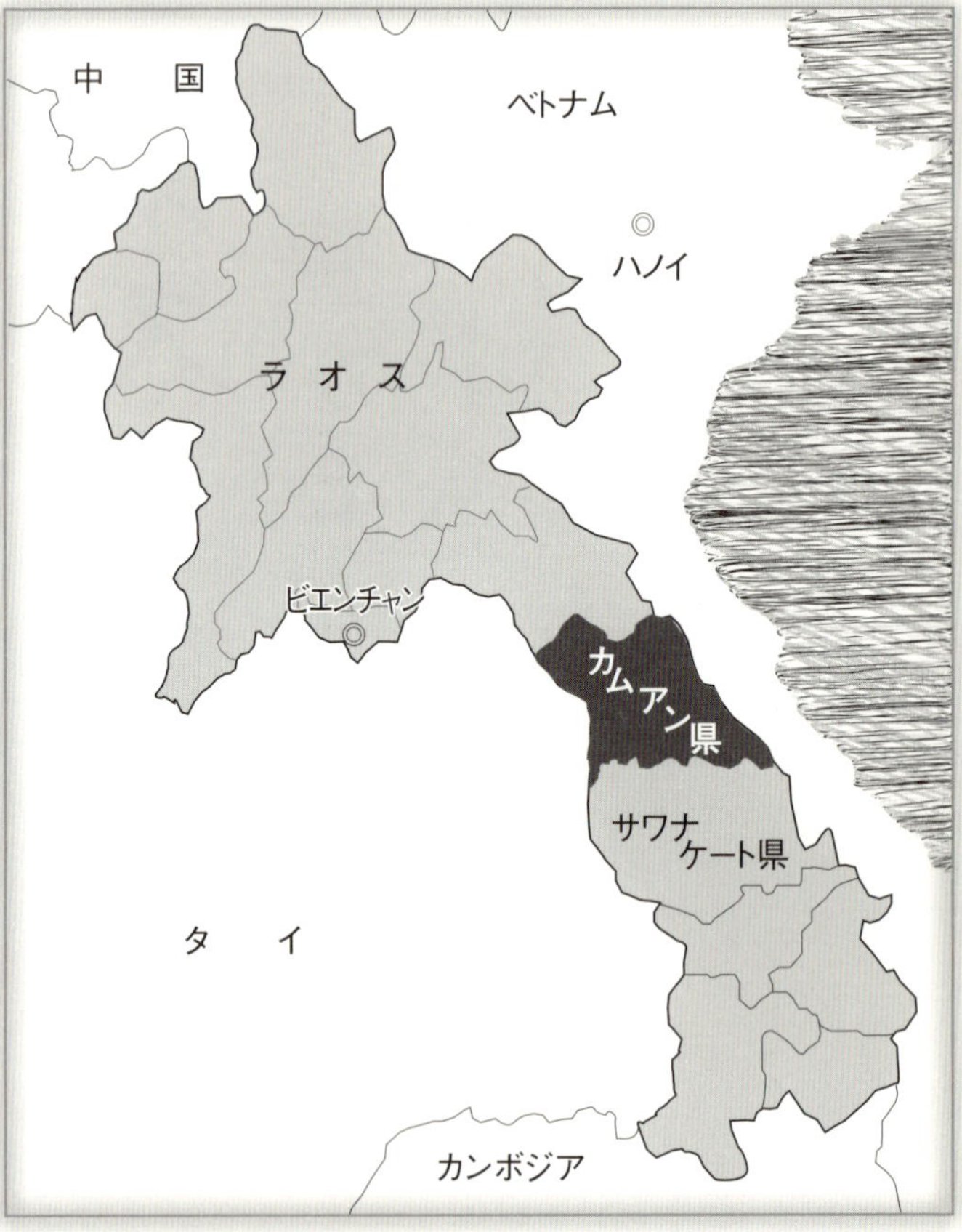
中　国
ベトナム
ハノイ
ラ オ ス
ビエンチャン
カムアン県
サワナケート県
タ　イ
カンボジア

ラオス　豊かさと「貧しさ」のあいだ
現場で考えた国際協力とNGOの意義

CONTENTS

第6章 マクロレベルの問題とアドボカシー 109

第7章 開発が貧困をもたらす!? 133

プロローグ

豊かなラオス「貧しい」ラオス

水牛で水田を耕す（カムアン県マハサイ郡ノンコーク村）

ラオスの森は、「お金がいらないマーケット」と呼ばれている。ラオスの人びとの暮らしと森は、切っても切り離せない。村人の食卓にのぼるものの多くは森から採取されている。キノコ、野生動物、昆虫、自生の野菜と、その種類はバラエティーに富む。

また、生活に必要な道具や住居を作る材料など、暮らしに必要なたくさんのものも森から採取する。家を掃除するほうきは荒地に生える草（ケム）を利用して作り、座敷に敷くゴザは畦道に自生する硬い草（トゥイ）を利用して編む。魚を捕る魚籠やざるは竹を使い、貝の実を取り出す楊子《ようじ》は針ネズミのとげを使う。

さらに、私がＮＧＯのスタッフとして頻繁にラオスの村を訪れて驚いたのは、森だけでなく、田んぼも非常に重要な食料の採取場所となっていることだ。田んぼからの恵みは、米以外にカエル、イナゴ、ウナギ、ナマズ、ドジョウ、タニシ、香味野菜（伝統料理である竹の子スープに入れるパクサゲー）など二〇種類以上に達し、村人の食生活を支えている。

首都ビエンチャンなどの都市部ではこうした暮らしは少しずつ変わってきているが、奥地に行けば行くほど自然を利用した生活スタイルが色濃く残る。国連自然保護連合（International Union for Conservation of Nature and Natural Resources ＝ＩＵＣＮ）の調べによると、農村に住む世帯が自然から手に入れるものを現金に換算すると年間二八〇ドルに達し、世帯収入の五五％をも占めるという。

ラオスは人口六三〇万人、面積二四万㎢の小さな国だ。ラオ族が全体の六割を占め、モン族やアカ族など四九の少数民族が混在している。面積は本州と、人口は北海道とほぼ同じである。豊かな自然資源に恵まれ、人びとはお互いに助け合って暮らしている。飢餓はない。地に足の着いた暮らしであり、日本のような「消費大国」とは対照的に「モノを創り出していく暮らし」といえるだろう。人びとは精神的に安定していると私は感じた。

一方で、国民一人あたりの国内総生産は八五九ドル（約八万円）にすぎず（タイは四〇八一ドル、ベトナムは一〇四二ドル）、一日二ドル以下で暮らす国民が七三・二％を占める（外務省ホームページ）。国際社会においては、後発開発途上国（Least Developed Countries ＝LDC）と位置づけられている。

この自然に彩られた豊かなラオスと、外側の人間の物差しで測られた「貧しい」ラオスとの間のギャップが、私が赴任して初めにもった違和感である。それは四年弱の駐在期間中、私の心にきざみこまれたが、違和感の中身は少しずつ変わっていく。外部者により定義された「貧しさ」は、古くから村に存在する慢性的な米不足や労働力不足に起因するのではなく、最近になって起きたのではないかと思うようになったのである。

私が駐在していたのは、首都ビエンチャンから約三五〇㎞南東に離れたカムアン県とサワナケート県の田舎町で、二〇〇五年六月～〇九年一月の三年八カ月である。この間の変化のスピードは凄まじく、村人の生活を支えてきた豊かな自然資源が中国、タイ、日本などのターゲットとなる。森や土地を追われた村人の声は、ラオス語をほぼ理解するようになっていた私の耳に、皮肉にも容易に届いた。

日本とラオスという二つの国に挟まれ、職業としてラオスの村人をサポートする側にいながら、彼らに激しい変化を強要する側の国民であるという矛盾に、私は苦しんだ。そして、様変わりする村々を目のあたりにするなかで、現場における自分の視点、さらにはNGOに対する考えも変わっていく。

ラオスの地方生活は厳しく、寄生虫やデング熱などに何度もかかった。ストレスから原因不明のじんましんや不整脈にもなり、不整脈は帰国した現在も完治していない。NGOの現地駐在員というと一見花形の仕事に見えるかもしれないけれど、現実は過酷である。また、いま思えば、二〇代という若さゆえの無茶や苦労も多くあったと思う。

この本では、プロジェクトの成功や失敗も含めて、私自身の体験をできるかぎりありのまま記すように努めた。それらはすべての開発現場で普遍的に通用はしないかもしれないが、これから国際協力をめざすとりわけ若い世代にとって役に立ち、国際協力のあり方を深く考える材料になると思ったからである。この本が国際協力に携わる人たちの道しるべとなることを心から祈っている。

第1章

NGOに就職する

子どもの素敵な笑顔に出会えるのも国際協力NGOの特権だ（マハサイ郡）

■職業として国際協力NGOを選ぶ

二〇〇一年に大学を卒業すると、私は難民を助ける会というNGOに就職した。おそらく、新卒でNGOに就職した第一世代だろう。ほぼ同じ時期に、ワールド・ビジョン・ジャパン[1]が新卒を採用したことが新聞記事になった。新卒でのNGOへの就職は、それくらい珍しかったのだろう。

いまでこそ、難民を助ける会やセーブ・ザ・チルドレン・ジャパンなど年間予算が五億円を超えるNGOも少なくない。とはいえ、政府系の団体や財団法人と比較して特定の安定した財源のないNGOがスタッフを一人増やすのは、大きな資金的負担になる。だから、即戦力が求められる。辞めたスタッフの代役が瞬時にこなせなければならないからだ。ときには、一人で二〜三人分の仕事が求められる。技術も経験もない新卒が敬遠されるのは、ある意味で当然だ。

難民を助ける会は日本のNGOでは「老舗」と呼ばれ、規模も大きいけれど、私が新卒で就職できたのは奇跡に近いと思う。受け入れの判断を下した理事長や事務局の方々には、いくら感謝しても感謝しきれない。ここで出会った素晴らしい先輩たちとの交流や、楽しくもあり、ときには辛くもあった数々の経験は、現在の自分を形づくる基盤となっている。

こうして私は、ボランティアではなく職業として、国際協力NGOにかかわることになった。国際協力NGOには、会員、ボランティア、アルバイト、正規職員とさまざまなかかわり方ができる。結婚、出産、子育てなどのライフステージに合わせて選びながら、生涯にわたって付き合っていける。私にとっては職業であると同時に、人生における重要な活動とも位置づけられる。

■障害者問題をとおしてプロジェクトの意味を考える

私が担当したのは、カンボジアとラオスの障害者支援事業である。難民を助ける会は、カンボジアで障害者が自立した生活を送るための職業訓練センターを運営し、ラオスでは障害者の社会参加促進の一環として車椅子の製造プロジェクトをサポートしていた。数多くの海外出張を含む日々の業務を通じて、海外の障害者が置かれている状況や問題に詳しくなっていく。一方で、日本国内の障害者問題には無知であるという自己矛盾を感じ、障害をもつ「当事者」の会合に参加したり、話を聞きにいったりして、つながりをもつように努めた。

障害者問題においては、医師や理学療法士など医療分野の専門家が障害者の治療や生活の改善の中心的役割を担い、当事者である障害者自身の声が軽視されてきた。その矛盾に声を上げた障害者が自らの権利を訴えるために立ち上がったのは、一九七〇年代初めである。それが日本の障害者運動の始まりだった。あるとき自宅を訪問した一人の障害者の話に、私は大きな衝撃を受ける。

「昔は道も店内も段差だらけ。障害者が外に出ていける状況じゃ、とてもなかった。それを何とか変えようと、障害者の有志が集まって電車に乗ったの。わざとエレベーターやエスカレーターの付いていない駅を選んで降りては、駅員さんの手を借りて車椅子を改札口まで下ろしてもらうということを繰り返したわ」

当時を振り返って語る彼女の生き生きとした表情が、なんとも印象的だった。とにかく外に出て、障害者の存在と自分たちがかかえる問題をアピールすることでしか現状を変えられない。そういう強い想いが障害者を突き動かし、行動の源になったのだろう。この行動は多くの人びとを巻き込み、しだいに大きな運動へと発展する。最終的には、交通バリアフリー法(高齢者、身体障害者等の公共交通機関を利用した移動の円滑化の促進に関する法律)の制定につながった。

医師や医療専門家が中心となった職業訓練やリハビリなどの支援は、国際協力ＮＧＯが現地で実施するプロジェクトに近い。しかし、そうした支援は障害者が直面する問題を根本的には解決できなかった。法律の制定に貢献したのは、障害をもつ当事者たちの行動であり、運動である。

国際協力においても、期間が数年間に限定されたプロジェクトという手法には限界があるのではないか。障害をもつ当事者がなしとげたような、根本的に問題を解決する効果的な方法はないのか。プロジェクトを担当するなかで疑問をかかえながら、たくさんの仕事を黙々と片付ける日々が続いた。

■ＪＶＣへの転職

そんなある日、「調査・研究」という聞き慣れない活動分野があるＮＧＯを知った。私がラオスに派遣されることになるＪＶＣ（日本国際ボランティアセンター）である。ＪＶＣは緊急援助と開発援助の双方に取り組み、世界一〇の国・地域でプロジェクトを行う一方で、国内に調査研究部門をもち、政府への政策提言活動を活発に行う異色のＮＧＯだった。(2)

「このＮＧＯなら、プロジェクトという形態とは異なる活動方法など、悶々としている自分の考えや疑問を整理するヒントを得られるかもしれない」

そうした気持ちから、私は意を決してＪＶＣの門を叩いた。二〇〇四年九月である。ちょうどＪＶＣが、ベトナム北西部に位置するソンラ省の少数民族を支援するための現地駐在員を募集していた。国は異なるが、同じインドシナ半島をフィールドに三年半ＮＧＯで活動し、社会のマイノリティーである障害者と接してきた自分の経験を活かせるのではないか、と考えたからだ。

ただし、現地駐在員の選考には落ちた。ソンラ省は相当な僻地であり、生活状態が極端に厳しいうえに、支援対象であるモン族は男性優位社会であり、若い女性を単身で派遣するのはむずかしいという理由である。そして、こう言われた。

「東京事務所のベトナム事業担当として働いてみませんか」

こうして、私は東京・上野にあるＪＶＣで働き始める。そのときは、自分がラオスに派遣されるとは思ってもいなかった。

不思議な巡り合わせ

国際協力の仕事をしていると、不思議な縁や巡り合わせを感じることが多い。ベトナムの駐在員に応募した私が、前任者の急な離任によってラオスに派遣されることになったのは、その典型だろう。実は、これは私にとって二度目のラオス駐在だった。難民を助ける会でプロジェクトが終了する直前に当時の駐在員が辞職し、東京側の担当だった私が現地のサポートのために赴任したのである。

ＪＶＣに転職してラオスに駐在する過程も、振り返ってみると不思議な巡り合わせを感じる。ＪＶＣの中心は農業・農村開発であり、私が携わってきた障害者支援とはまったく異なっている。ところが、農業は私にとって必ずしも縁のない分野ではなかった。

私は経済学部の出身で、専攻は農業経済学である。私が通っていた大学は、各学生に専門性を身につけさせる方針を取っていた。二年生になるとほぼ全学生がゼミに所属し、三年間かけて集中的に学ぶ分野を決めるように奨励される。私は多種多様な分野から農業経済学を選んだ。

もっとも、当時は、経済学とは何かさえきちんとわかってはいなかった。「自分の学びたいこと」を選ぶのは、容易ではない。私が農業経済学を専攻したのも、生活のなかで身近に感じられ、ある程度の内容が想像できる分野は他になかったというのが正直なところだ。私が育ったのは埼玉県川越市で、そこから歩いて数分の母方の実家は古い農家だった。

大学では、群馬県下仁田《しもにた》町のコンニャク農家へのフィールドワークや中山間地域の中規模農家など、もっぱら日本国内の農業を学んだ。海外との接点のきっかけは、恩師の神崎《こうざき》樹利《しげとし》先生がつくってくださった。大学には海外で奉仕活動を行う学生を対象にした奨学金制度があり、カンボジアを支援する学生サークルに所属していた私に、申し込むように勧め、個別に話もしてくださったのである。

言われるままに応募した私は、論文の提出と面接を経て、驚くほどすんなりと奨学金を得られた。こうしてカンボジアを一カ月間訪れ、内戦時に埋められた地雷の撤去現場を見学したり、ごみを拾いながら生活する子どもたちが通う学校を訪問したりする。私にとって初めての海外体験であり、これが私の職業選択につながっていく。神崎先生は残念ながら、私の卒業を待たずして病気で亡くなられたが、先生のアドバイスなしに現在の私は考えられない。

大学卒業後、しばらく農業からは遠ざかったものの、ＪＶＣへの就職は私の農業との再会でもあった。海外に拠点を移しての新たな活動に、期待で胸が膨らんだ。

（１）キリスト教精神に基づいて開発援助や緊急援助に取り組むＮＧＯ。

（２）活動しているのは、カンボジア、ラオス、ベトナム、タイ、南アフリカ、アフガニスタン、パレスチナ、イラク、スーダン、コリア（韓国・北朝鮮）。加えて、財務省や外務省との定期会合などに参加し、ＯＤＡ（政府開発援助）で行われる事業の問題点の改善を求める提言を行なっている。

第2章

農村のリスク分散型の暮らし

カムアン県ガーヤンカム村の焼畑。もち米を
はじめ約15種類が栽培されている。中央が筆者

■農業技術者でない私が農業・農村開発に携わる

「農業・農村開発担当」として二〇〇五年五月にラオスに赴任した私には、「農業を勉強しなければならない」というプレッシャーがあった。それまでのＪＶＣのラオス駐在員は農業技術者が多く、前任者も大学や専門学校で農業を学んでいたからだ。

私は小さいころから畑や田んぼが生活圏内にあり、草取りや季節ごとの野菜の収穫はいまも鮮明に記憶に残っている。それらの体験が、無意識のうちに自分の関心を左右する要素となっていたのは間違いない。だから、第1章で書いたように農業経済学を大学で専攻したわけだ。とはいえ、農業技術を専門的に学んだ経験はない。農業を専門と言いきれるような知識を持ち合わせているわけではなかった。

農業技術をよく理解していた前任者の後を素人同然の私が引き継ぐのであるから、ＪＶＣには相当な不安があったはずだ。にもかかわらず私を信じて派遣の決断をしたＪＶＣには、本当に感謝している。

■生存はできるけれど、生活はできない地域

私が赴任したカムアン県はラオス中部に位置し、人口は約二八〇万人、面積は約一万六

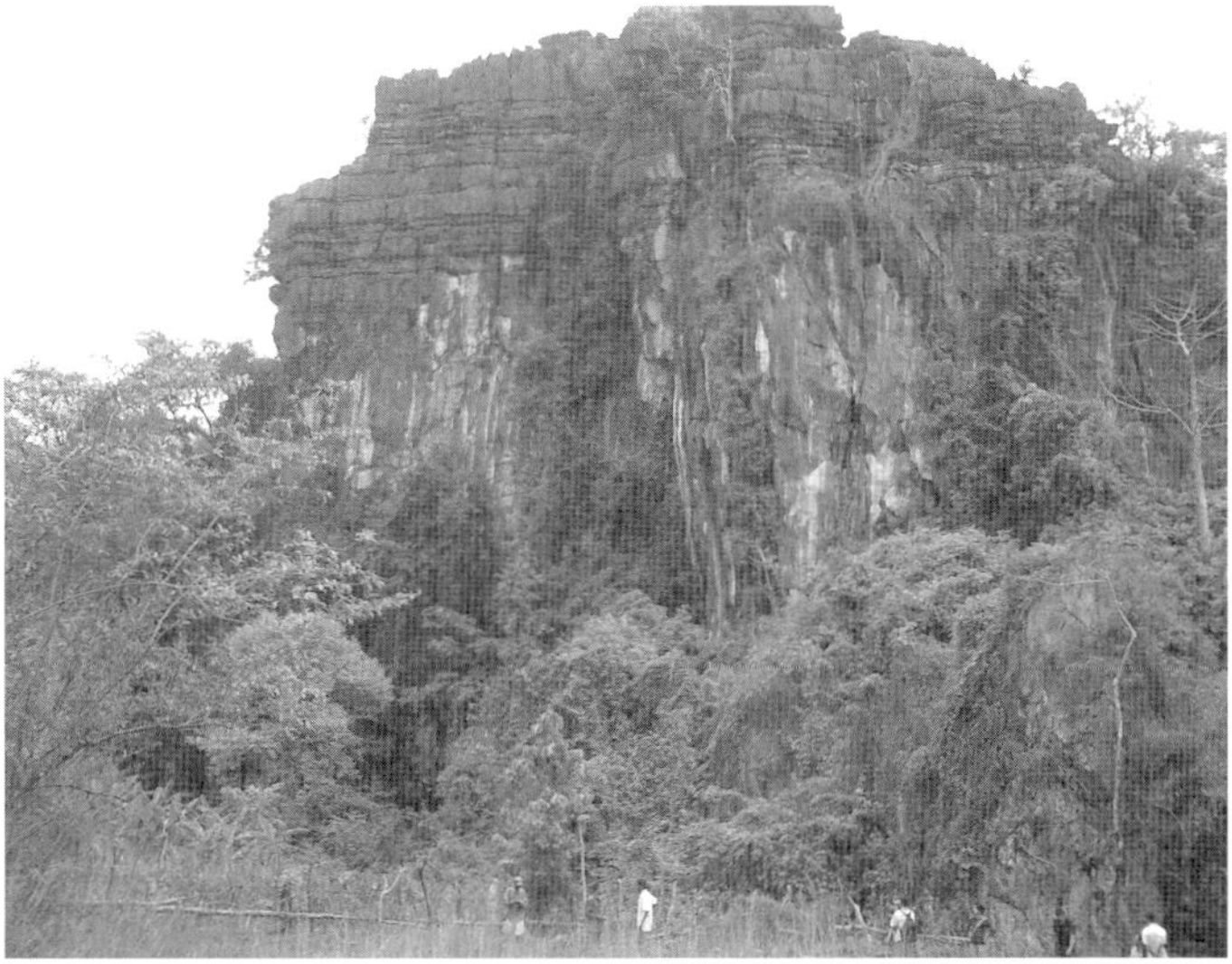

巨大な石灰岩。高さは約200 mで、写真の下に人間が小さく見える

〇〇〇㎢だ（岩手県とほぼ同じ）。石灰岩などの岩山が目立つ一方で、平野部が七〇％を占め、稲作が盛んである。県内を流れるメコン川、ヒンブン川、ナムトゥン川、セバンファイ川の恵みで、川沿いの村々は灌漑用水を使用した二期作が可能だ（ただし、ヒンブン川やナムトゥン川の上流のボリカムサイ県にはナムトゥンヒンブンダム、カムアン県にはナムトゥンⅡダム[1]が建設され、下流域の人びとの生活に大きな影響を与えている）。また、石灰岩やチタン鉄鉱などの鉱物資源や赤マツ、黒檀《こくたん》、紫檀《したん》など商業価値のある木も多く、最近は鉱山開発や自然林伐採後のユーカリの植林が進んでいる。

図１　カムアン県全図

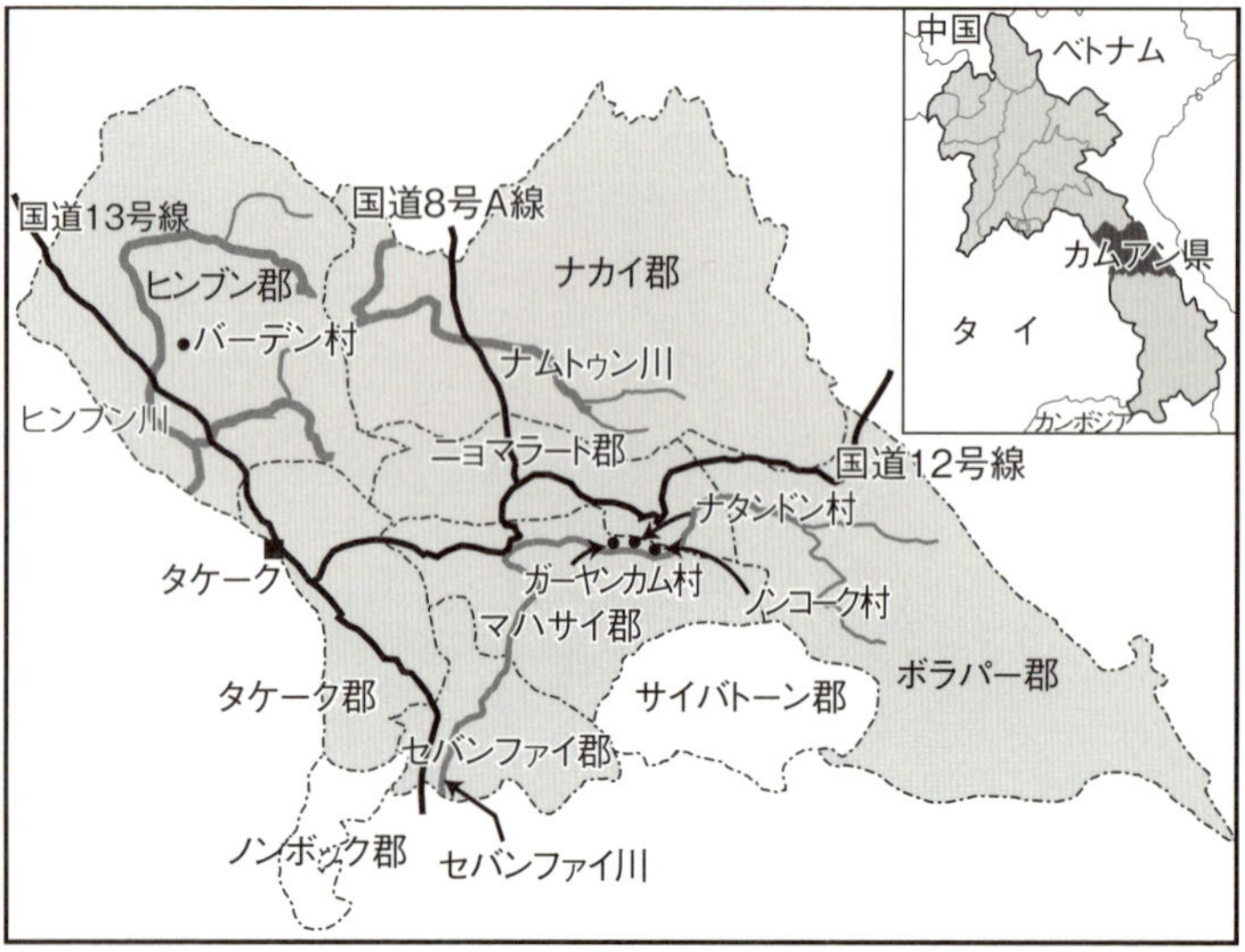

（注）■部分がJVCの活動エリアである。

首都ビエンチャンからの距離は、ほぼ東京・名古屋間に匹敵する。空港はなく、移動手段は自家用車かバス。道路は舗装されているものの、自家用車で約五時間、バスでは七時間かかる。

当時のＪＶＣラオスのラオス人スタッフは九名で、活動エリアはカムアン県全九郡のうち七郡である。日本人スタッフが前任者も前々任者も任期を全うせずに帰国したこともあり、カムアン県は「生存はできるけれど、生活はできない地域」とＪＶＣ内ではささやかれていた。娯楽がなく、日本の便利で都会的な暮らしとはあまりにかけ離れているという意味である。もちろん、帰国にはそれぞれの理由があるが、首都から遠い辺境の地という事情がまったく含まれていなかったわけではない。

「生存はできるというのだから死ぬことはないだろう」と自分を励ましながら、ビエンチャンからカムアン県に続く直線の国道一三号線をJVCの黒いランドクルーザーで南下していった六月二〇日のことは、いまでも忘れられない。本格的な雨季がすでに始まっており、途中で何度も大雨に降られながら、大きな石灰岩の山と広い水田、いくつもの川を超えた先に、カムアン県はあった。

私が住むのは県都であるタケークだ(人口約三万五〇〇〇人、二〇〇六年のラオス政府統計)。しかし、県都であるとは思えないような、建物が少ない、だだっ広いところだった。とにもかくにも、ここで三年半を過ごすのだ。タケークとカムアン県を好きになることが、最初に私が乗り越えなければならない課題だった。なお、ラオスの村は平均すると三〇～五〇世帯で、人口は一五〇～二五〇人、面積は一三㎢程度である。

■米不足を補う自然からの採取

「農業技術者ではないのに農業プロジェクトを担当する」という矛盾に多少のプレッシャーを感じていた私だが、赴任して半年あまり村人の暮らしを観察するなかで、こう気づいた。彼らは、日本人が想像するような「農業らしい農業」はしていないのではないか。言い換えれば、「食べていくための農業」というよりは、自然からの採取で足りない分を「補完するための農業」という印象である。農業はさまざまな食料確保の手段の一つであり、主食のもち米以外の野菜や果樹は自然からの採取が中心なのだ。

この意外な事実は、私のプレッシャーを多少なりとも解消してくれた。同時に、村人の暮らしにおける自然への依存度と農業への依存度の比重の観察は、後にプロジェクトを組み立てていくうえで重要な要素となった。

表1はカムアン県マハサイ郡ノンコーク村のおもな食料カレンダーだ。これを見ると、自然の幸と農作物の相互補完関係がよくわかる。カオニャオはもち米で、六月ごろに不足する。このころから次の米の収穫がある一一月までの五カ月間が、村人にとってはもっとも苦しい、米不足(フードギャップ)の時期だ。

けれども、この五カ月間は魚(ナマズやフナなど)やカエル、竹の子やキノコなど自然からの採取物がもっとも豊富なときでもある。雨季にあたるこのころに魚やカエルが繁殖し、竹の子はいっせいに地表に顔を出す。

村人はそれらを採取して、村内の比較的裕福な世帯の米と交換したり、市場で販売した売り上げで米を入手する。多くの村の入口付近には、タラートナッと呼ばれる独自の市場

表1　マハサイ郡ノンコーク村のおもな食料カレンダー

		3月	4月	5月	6月	7月	8月	9月	10月	11月	12月	1月	2月
自然の幸	貝	●									●●●●●	●●●●	●●●
	カニ	●●●	●●	●									
	竹の子			●●●	●●●●	●●●●●	●●●●●	●●●●●	●●●●	●●●	●●	●	
	カエル	●●	●	●	●●●●●	●●●●●	●●●	●●●	●●●●	●●●●	●●●	●●	●
	魚	●●	●●●	●●●	●●●●	●●●●	●●●●●	●●●●●	●●●●●	●●●●●	●●●●	●●●	●●●
	動物(ノブタ、リス)	●●	●●●	●●●●						●	●●	●●●	●●●
	川のり	●●●	●●	●				●●●●●	●●●●●	●●●●●	●●●●	●●●	●●●
	キノコ				●●●●●	●●●●●	●●		●	●●●●●	●●		
	自生野菜	●●●●●	●●●●	●●●								●●	●●
	ラタン	●●	●●	●							●●	●●	●●
	自生イモ	●	●									●	●
	木の実	●●	●●●	●	●●●	●●●						●	●●
農作物	カオニャオ	●●●●	●●●●	●●●	●●	●●	●	●	●	●●●	●●●●●	●●●●●	●●●●●
	カオハイ						●●●	●●●					
	とうもろこし	●●					●●●●	●●●●●					
	香草類(レモングラス、生姜など)	●●●	●●	●							●●	●●●●●	
	野菜									●	●●●●●		
	果樹					●●●●	●●●●●	●●	●●	●●●	●●●●●	●●	
	イモ		●●●●	●●							●●●	●	

(注1) ●の数は採取ないし収穫(カオニャオは備蓄)の量を示している。
(注2) カオハイは焼畑で栽培される陸稲である。
(注3) 村人とカレンダーの作成を3月に行なったため、3月から始まっている。

道端の小さなマーケットでは、ビンに入れたはちみつ、水田や川で採れた貝や野菜などが売られている（一番手前はリス）。子どもが店番をしている場合も多い

がある。村人はそこに出かけ、獲ったばかりの魚、カエル、キノコ、野菜などを籠に入れたり台の上に並べ、通りすがりの車や人が立ち止まるのを気長に待つ。豊かな自然からの恵みは村人にとって米不足の期間を埋める生命線であり、一種のセーフティーネットの役割を果たしている。

さまざまな農業を組み合わせて食料を確保

カムアン県の農業は、大きく五つに分けられる。最大の柱は水田稲作で、多くの世帯（JVCの対象村では九〇〜九五%）が平均五〇a〜一haの水田を所有している。加えて、焼畑、野菜や果樹を混植するガーデン（農園）、川沿いや家の近くの家庭菜園、庭や室内で行われるプランター栽培がある。年間とおして収穫があるのはガーデンのみで、その他は実

表２　マハサイ郡ガーヤンカム村の労働カレンダー

	3月	4月	5月	6月	7月	8月	9月	10月	11月	12月	1月	2月
水田準備		●●●	●●●●	●●								
焼畑準備	●●●●	●●●	●●●●●	●●●●								●
田植え				●●●●	●●●●●	●●●●●						
焼畑収穫						●●	●					
水田収穫									●●●●●	●●●●●		
脱穀										●●●●	●●●●●	
家庭菜園										●●●●	●●●	●●
林産物採取	●●	●●	●●								●●●	●●
家畜の世話	●●	●●	●●	●●	●●	●●	●●	●●	●●	●●	●●	●●
屋根のふき変え											●●●	●●●
壁の修復											●●●	
家の建て替え	●●●●	●●●										●●●●
織物	●●	●●	●●	●●							●●	●●

（注1）●の数は仕事の量を示している。
（注2）ガーデンは所有していない人が多く、プランター栽培は作業量が少ないので、割愛した。

施期間や収穫時期が決まっている（表２参照）。また、田植えから米の収穫の間は一〇月を除いて忙しく、林産物の採取も含めて他の仕事が減るのがよくわかる。

乾季（一〇～三月）は米の収穫があるほか、ガーデン、家庭菜園、プランター栽培などで多くの農作物が収穫でき、食生活は豊かだ。しかし、雨季（四～七月）は確実に収穫が見込まれるのがガーデンだけなうえに、田植えや焼畑の重労働が加わり、乾季に比べると厳しい時期である。ラオスの雨季はときに激しいスコールとなり、しばしば洪水を引き起こす。また、田植え後に大雨が降ると稲の苗が根腐れを起こすので、村人の悩みの種となる。

とはいえ、雨季には森の木々や草花が多くの雨を受けて育つ。そして、竹の子やキノコに加えて、マンゴーやバナナなどの果樹の若葉や花、ラタンの芽など新鮮な食材を自然が提供してくれる。

■低地で行われる水田稲作

カムアン県の水田稲作は、四つの大きな川沿いにある村を除けば、雨季の雨（天水）に頼った一期作である。主食の米だけは自然の恵みに頼れないので、稲作にかける労力と想いは相当なものだ。

雨季の稲作では、化学肥料は投入されていない。もっとも、それは村人が化学肥料の悪影響を認識しているからではない。一袋一五〇〇円程度と非常に高価で買えないし、洪水によって運ばれてくる腐葉土の効果で肥料を入れなくてもある程度の収穫が見込めるためだ。

以前は水牛を使用した田起こし（土を掘り返して表土と下層を混ぜ、土を柔らかくする）が至るところで見られたが、水牛を売って購入したトラクターで田起こしをする姿が二〇〇〇年ごろから日常化してきたという。水牛の大きさにもよるが、だいたい六頭で一台のトラクターが購入できる。

ラオスで米といえば、もち米を指す。JVCの対象村では国道一三号線沿いの村などでわずかに販売用にうるち米を生産していたが、それ以外の村は一〇〇%もち米を作付けしていた。

もち米は収穫までの期間によって大きく三つに分けられる。三カ月で収穫できるカオドー、三カ月半~四カ月で収穫できるカオカン、四カ月半~五カ月かかるカオガンだ。

カムアン県では村人がこの三つの種をそれぞれ所有しており、水田の条件や気候によって作付けを変えていた。たとえば、カオドーは水を必要とする期間が短いので、傾斜が激しく、水が溜まりにく

村人の日常的な食事。もち米は籠の中に入れてあり、一人が一回で一籠くらい食べる。手前は森で採れた竹の子。籠の間はチェオと呼ばれる付け味噌で、唐辛子、季節の野菜、タガメをすりつぶして作る

い水田で育て、雨が少ない年にはその面積を増やしていた。そこには、三種類を使い分ける古くからの知恵が蓄積されている。

米の値段は平均、一kg五〇〇〇キープだ(一円=約一〇〇キップ)。一日の平均賃金が二万キープだから、約四kgの米を手にできる計算になる。成人男性は平均一カ月に二〇kg(モミ付き、以下同じ)の米を食べると言われている。日本人のほぼ四倍である。ラオス語で「食事する」は「キン・カオ」と言う。直訳すると「米を食べる」であり、ラオス人の米好きを象徴する言葉だ。

■苦しい時期を救う焼畑の陸稲

標高が高いところでは焼畑を行う。焼畑というと、森林に火を放って樹木を焼き尽くすという理由で森林破壊の元凶のように言われ、マイナスのイメージをもつ人が多いかもしれない。しかし、すべての焼畑が環境に悪いわけでは決してない。

世界銀行が二〇〇六年に発行した「環境レポート」(Lao PDR Environment Monitor)では、ラオスの焼畑は三つに分類されている。①「固定地化された焼畑」(Het asip Khong ti、毎年実施する場所が決まっている)、②「回転式焼畑」(Het hai moun vien、複数の焼畑地を数年ごとにローテーションする)、③「フロンティア式焼畑」(Het hai on ley、新しい土地を開墾

森林に火を放つ焼畑。JVC の対象村では 1 世帯 0.3 ～ 0.5ha の広さだ

して行う）である。ラオス政府は①と②は持続的な農業と認識し、許可しているが、③は法律で禁止されている。

カムアン県で行われていたのは①と②である。第４章でふれるガーヤンカム村では、農地にする第一段階として「固定化された焼畑」が行われていた。村人は開墾後の約三年間、同じ場所で焼畑を行いながら、水の溜まり具合や土質を観察する。そして、水田に適すると判断した場合は水田にし、適さない場合はガーデンにするか放置して、別の場所を新たに開墾する。

ＪＶＣの対象村の多くでは、②の回転式焼畑が行われていた。そこでは、陸稲をはじめ、スイカ、カボチャ、落花生、キュウリ、ナス、パパイア、綿など実に約二〇種類の作物を混植し、木を燃やした灰を肥料にする。陸稲の収穫以前に、少量ではあるがこうしたさまざまな作物の収穫があり、村人の食卓をにぎわす。

興味深いのは、水田稲作と焼畑の関係である。カムアン県の村人にとって、焼畑は一種の生命線といえるぐらい重要な役割を果たしている。**表1**（二五ページ）にあるカオハイが、焼畑で作られるもち米（陸稲）だ。

この陸稲は作付け時期が二～四月と水稲よりも数カ月早いため、米が不足する時期のなかでも一番苦しい八～九月に収穫時期を迎える。陸稲は水稲よりも収量が二割程度少なく、約二カ月分の量しかない。とはいえ、米不足の時期の村人にとって非常に大きな意味をもつ。これもまた、村人のセーフティーネットになっている。

野菜や果樹を混植するガーデン

ガーデンでは多くの場合、さまざまな果樹や、野菜と果樹を混植する。家から歩いて数分のところに所有している人もいれば、村の保護林や利用林に果樹や野菜を植え、アグロフォレストリーのようにしている人もいる。ただし、所有しているのは豊かな層で、村人の一割程度だ。

バナナや綿が植えられているマハサイ郡ナタンドン村のガーデン

保護林は野生動物の保護区であり、耕作、樹木の伐採、動物の採取は法律で認められていない。利用林は村人が日常生活で利用する森であり、家を建てるための樹木を伐採したり、食用や販売用の林産物を採取している。ただし、耕作活動は許されていない。

保護林や利用林などは、一九九四年の首相令で定められた。そして、各村で土地の区分が行われていく。それ以前は村人が自由に開墾できたので、いまも森にガーデンが残っている場合もある。

ガーデンでは、バナナ、唐辛子、生姜、カボチャ、ヤーナン(竹の子スープに入れる葉)、ラタンなど一〇〜二〇種類が混植されている。一年を通じて何らかの収穫が可能であり、村人の食料確保に果たす役割は大きい。

　カムアン県の多くの村には、「土地を最初に耕作した人に所有権が認められる」という慣習法がある。リーダー層や労働力が豊富な村人は、家の近くに広いガーデンを所有しているケースが多い。

■乾季だけの家庭菜園

　家庭菜園は一一～二月の乾季にしか行われない。それは三つの理由からである。第一に、雨が多い雨季は野菜に病気が出やすく、栽培に適さない。第二に、田植えで忙しく、時間的な余裕がない。第三に、乾季以外にはわざわざ手をかけて野菜を育てなくても、竹の子やキノコや自生野菜が多く採れ、村人はそうした天然ものを好む。

　大きな川の近くの村は、家庭菜園を川沿いに設ける。こうした川は乾季になると水が減り、両岸には上流から流れてくる腐葉土と十分な水を吸収した陸地が現れる。そこでは肥料なしで簡単に野菜が育つ。川から離れた村の場合は、家の近くに鶏や豚などの家畜の被害を防ぐための柵を竹や木で作って栽培している。

　村人は、サラダ菜やからし菜などの葉物、唐辛子、ナス、トマトなどの実をつける野菜（果菜類）、サツマイモなどの根菜類に分けて種を播く。唐辛子・ナス・トマトのように、

プランター栽培。だいたい畳一畳分で、ネギ、
ミント、唐辛子など5種類前後を育てる

植える時期がいっしょのものを「同種類」と認識しているようだ。

■廃物利用のプランター栽培

木箱、もち米を入れていた古い籠、穴の空いた船底や不発弾などを利用したプランター菜園は、村の至るところで見られる。ただし、深さ一五cm程度なので、栽培できる種類は限られる。バジル、ミント、万能ネギ、唐辛子、パクチーなど、香草類やスパイスに使うものが多い。

庭や室内で作るから家畜に荒らされる心配がないし、食器を洗った後などの排水を利用した水やりができる。そのため、多くの世帯に広がっていた。

森で採れたキノコは、バナナの葉でつくった包みに入れて売られる

■自給できなくても米を食べられる

カムアン県では田植え開始直後の六～七月と収穫直前の一〇月に洪水が多く、安定した米の収穫はむずかしい。また、労働力や肥料も不足しがちだ。JVCの対象村の平均的な一〇aあたり収量は、七〇～一五〇kgにすぎない（伝統的な植え方）。これは、タイの二三〇kgやベトナムの四三〇kgと比較して著しく少ない（国際稲研究所のホームページ。なお、日本は約五二〇kg）。米を水田稲作で自給できているのは一つの村で三～五世帯であり、焼畑で穫れる陸稲を合わせても、八割の世帯が五カ月間は米が足りない。

この点だけで判断すると明らかに慢性的な食料不足であり、とくに六～一〇月には何らかの食料支援が必要になると考えるだろう。では、村人は本当に米を食べられていないかというと、実はそうではない。一九九六年ごろまでは、森に自生する「コイ」と呼ばれるイモを蒸かして主食にしていた村も多かったそうだが、現在はほとんどない。多くの世帯で米が足りなくなるにもかかわらず、六〜一〇月も米を食べている。

カムアン県の米不足とは「自分で作る米の不足」であり、米そのものの不足ではない。米が不足した村人は森に入って竹の子やキノコを採取し、米が豊富な村の富裕層や近くの村の人びとと物々交換したり、ときにはそれらを売ったお金で米を手に入れている。こうした交換はラオス語で「コーカオ」と呼ばれ、直訳すると「米を乞う」という意味だ。

ＪＶＣラオスは二〇〇七年に、ガーヤンカム村、ノンコーク村、ナタンドン村の全世帯（約一四〇世帯）に対して世帯別調査を実施した。まず家族構成、労働力、農地所有面積、米の収穫量、家畜の保有数などを聞き、続いて農地を持たないか、家族人数に対して収穫量が非常に低い世帯を選んで、インタビューしたのだ。その結果、「貧困層が竹の子やキノコなどの林産物を持って米と交換しに来た場合は断わってはいけない」という暗黙の了解が村にあることがわかった。

米を手に入れるもう一つの手段は、村内や近くの村で行う日雇い労働だ。米が自給できない世帯は水田や森林を多く所有する世帯で田植えや草取りの手伝いをしたり、木材の伐採や製材を行って、労賃として米をもらう。一日二万キープ（約二〇〇円）程度の収入であり、ほぼ米四kg（成人男性の六日分）に相当する。

右がシーサワット、手前で稲を観察しているのがプッター

物々交換にしろ日雇い労働にしろ、その根底に存在するのは村人同士の助け合いであり、持てる者の持たざる者に対する分かち合いの精神だ。自らの生産だけではなく、自然を活かし、村人同士で頼り合うから、世帯別で見れば米不足になっても、村全体では米を確保できる。

森、水田、焼畑、家庭菜園、そして近隣同士の助け合いという複数のセーフティーネットによって、村人は洪水という慢性的な自然災害のリスクを軽減し、年間とおして米を食べられるように工夫してきた。これがカムアン県をはじめラオスの農村の最大の特徴であり、村人独自のリスク分散型の暮らしの知恵である。

「足るを知る」精神

ガーヤンカム村のプッターとシーサワット

は、二〇代なかばの明るく活動的な女性だ。後述する米銀行委員会のメンバーを務めていたため私といっしょに過ごす機会が多く、同世代ということもあって、仲がよくなる。ＪＶＣの東京事務所にあるラオスボランティアチームが村を訪れたときは、竹の子掘りに村の裏にある岩山へ連れていってくれた。

その途中には、マカボックと呼ばれる大きなナッツの木、ニャーカー（屋根に敷く草）、ヘートフリー（オレンジ色のキノコ）など数々の森の幸がある。だが、決してすべてを採取しようとはしない。

「まだあるのに、どうして採らないの？」

「いっぱい採っても、今日だけで食べきれないし、また明日来ればいいから」

採取場所にたどり着くには、かなり急な崖を登らなければならない。日本人の私は「明日も来るの！」と思ってしまう。ところが彼女たちは、「明日も来るのが面倒だから、すべて採ってしまおう」とか「いま採らないと誰かに採られるかもしれない」とは考えない。ラオス人は「キーカン（怠け者）」だと言う外国人も多いが、「次に来るのが面倒だ」と考える外国人のほうがよほど怠け者だという事実に改めて気づかされた。

都会に住むラオス人にも、基本的には同じ傾向が見られる。ＪＶＣラオスでも、給料がたくさんもらえるけれど、仕事が忙しくなって自分の時間がなくなるよりも、給料はそこそこでよいから、仕事の量もそれなりで自分の時間をたくさんもてるほうを好むスタッフが少なくない。

後者のように考えるスタッフを「向上心がない」と批判する人もいるだろう。たしかに仕事の効率や質を考えれば、前者のように考えるスタッフが多いにこしたことはない。しかし、他人との競争を避け、それなりの暮らしができれば満足するという考え方が間違っているわけではないと、しだいに私は考えるようになった。

竹の子掘りでも、オフィスの仕事でも、大変な思いをして必要以上の収穫や収入を得るよりは、暮らしていける程度の収穫や収入で満足し、それ以上を望まない。この「足るを知る」という考え方こそ、長年にわたってラオス人の精神的な安定や暮らしと、その基盤をつくる自然や森を守ってきた源なのではないだろうか。そして、この精神は今後の地球環境を守る鍵であり、日本人をはじめとする「先進国」の人間が見習うべきことではないだろうか。

（1）世界銀行やアジア開発銀行の支援を受けて、カムアン県に建設された。タイへの売電による外貨獲得を目的としているが、約六〇〇〇人の移転住民の生計回復のむずかしさ、ダム下流の水量の変化による洪水の激化や農業・漁業への影響が懸念されている。二〇〇八年四月に湛水、〇九年一二月に試験運転が始まり、一〇年三月からフル稼働した。詳しくは http://mekongwatch.org/index.html 参照。

第3章

失敗から学ぶチームづくり

チームワークを確認するゲーム。前の人と密着して立ち、掛け声と同時に後ろの人の膝に座る。一人でも自分が座る後ろの人を信用していないとバランスが保たれず、輪全体が崩れてしまう

■三段階にわたるプロジェクト

ＪＶＣは一九八八年にラオスでの活動を開始し、カムアン県では九三年から森林保全活動を行なってきた。その詳細は、元ラオス駐在員の赤坂むつみさんが書いた『自分たちの未来は自分たちで決めたい』(日本国際ボランティアセンター、一九九六年)に詳しい。

当時のラオスでは、企業や国の開発事業によって森林を伐採されても、村人は泣き寝入りせざるをえなかった。これに対してカムアン県のプロジェクトでは、一九九四年の首相令で規定された「土地森林委譲」という土地区分制度に着目する。これは、土地を用途や性質によって区分して効率的な土地・森林管理を行うことを目的としている。ＪＶＣは村人が利用してきた森林を共有林として登記し、その利用権を法的に認めさせた。

こうして森林を利用するなかで、人口の増加もあって、木材の過剰伐採や林産物の過剰採取が問題になってくる。そこで、目的に応じた森林管理を指導するとともに、限られた農地を有効かつ持続的に利用するために、第二段階として、自然資源を活かした複合農業プロジェクトを一九九七年にスタートさせた。重点的に活動する村を三つ選んで、他の村のモデルとなる共同農園を設置し、技術指導に力を入れていく。プロジェクトの運営を担ったのは、現地駐在員として派遣された農業技術の専門家である。

やがて二〇〇〇年ごろから、中国、ベトナム、日本などの企業が進出して石灰岩の採掘や植林を行い出し、ラオス政府による開発事業も急増する。その結果、森林や農地の収用問題が頻発する。たとえば〇三年には、中国企業のセメント工場建設によって、多くの共有林や水田が収用された。そこで、プロジェクトも村人の利用権の保護に焦点をあてていく。

私が赴任した二〇〇五年は、〇三年から行なってきたプロジェクトの第三段階(〇八年まで)の骨子が固まり、ＪＶＣ本部に承認された直後である。第三段階は、①森林の保全、②農業・農村開発による村人の食料の確保、③頻発する土地問題の根本的解決をめざす政策提言、という三本柱で構成されていた。

エリートが多いNGOスタッフ

私が担当した農業・農村開発チームのラオス人スタッフは、赴任当初は二人。ブンシン(一九六九年生まれ)とフンパン(七〇年生まれ)で、いずれも男性である。

ブンシンは第一段階から勤務するベテランで、ラオス国立大学で果樹を専攻した後ロシアに留学し、農業を学んでいた。一方のフンパンは高卒で、農業を学問として学んだことはない。とはいえ、ラオス北部の実家で長く農業に携わったほか、ドイツのＧＴＺという政府系の国際協力団体で農村開発の仕事を八年経験していた。

赴任当時の私は二七歳になったばかり、身長一五五cmで、農業は素人に近い。それでいて、三〇代なかばの、身長約一七五cmの、経験豊富な男性の上に立つ。どれだけ大変か、理解していただけるだろう。

ＮＧＯや国際機関で働くラオス人は、大学を卒業したエリートである場合が多い。公務員の平均月収が五〇〇〇〜八〇〇〇円なのに対して、ＮＧＯの給与は二〜一〇万円である。

ただし、公務員の給与は数字だけでは測れない。出世さえすれば、土地や家、担当するプロジェクトで使用していた車やコンピュータ、カメラなどの物資を得る機会があるからだ。うまくいけば、ＮＧＯ職員よりはるかにぜいたくな将来が約束されているとも言える。もっとも、それなりの政治的コネクションがなければ、出世はむずかしい。いずれにせよ、出世するまでは安月給でやりくりしなければならないから、土地と家を持ち、安月給時代を支える現金収入がある家庭の出身者が多い。

これに対してＮＧＯ職員は、個人の能力さえあれば自立できるだけの給与が保障される。したがって、貧しい世帯も含めて、さまざまな階層の出身者が見られる。

活動の振り返りと成功体験の創出

赴任して最初に私が行なったのは、第三段階が始まって二年間の活動の振り返りである。二人がどんな活動をして、どれくらいの成果をあげたのかを大まかにつかもうと考えたからだ。

白板を二つに分け、左にこれまで力を入れてきた活動、実施回数、対象地域数、参加人数などを書き、力を入れた順に番号をふってもらった。右に書くのは、左に対応した、具体的な成果、活動の継続人数、収量の変化などだ。私はできるかぎり数値化した成果を書き込むように言った。

私を驚かせたのは、白板の左と右、すなわち力を入れてきた活動とその成果の、あまりのアンバランスぶりである。力を入れてきた活動には、堆肥づくり、農薬や化学肥料を使わない農業、複合農業、果樹栽培などがあげられたが、いずれも右側に書かれた成果はあまり芳しくない。白板を見ると、明らかに、左（活動）に対して右（成果）のほうが空白が多い。成果をあげたと二人がそろって実感している活動は、残念ながら見当たらない。

そこで、もう少し間口を広げ、これまでのフィールドワーカーとしての活動でもっとも成果があったと思えるものをあげてもらうことにする。

ブンシンの場合はＪＶＣが取り組んだ米銀行だった。活動終了後も九〇％以上の村で継続され、元本が順調に増え、ほとんどで村の共同基金へと発展しているからだと言う。

フンパンは残念ながら、ＪＶＣの活動からはあげられなかった。彼が成功例としたのは、ＧＴＺで行なっていた女性たちの貯蓄活動である。これは、女性たちが毎月小銭を出し合ってファンドをつくり、小規模ビジネスを始めたり家畜を買うときに融資を受ける仕組みだ。当初は数世帯だったが、村の七〜八割がメンバーとなるまで広がり、資金も数千ドルに増えたという。

振り返りをとおして明らかになった、二人が共有する活動の成果がないという事実は、チームとしての成熟度にも影響を与えているように思われた。私の乏しい経験を省みても、チームが大きく成長するには二つのポイントがある。一つは成功してその喜びを共有するときであり、もう一つは失敗したときのマイナス体験を共有するときだ。

白板に書かれたように成功体験がなかったとしても、失敗の体験が共有されていれば仲間意識が培われるはずだ。活動がうまくいかなかったという事実を共有し、ともに悩みながら改善策を考えるなかで、自然にチームワークは生まれていく。ところが、二人の間には、チームの活動をよくするために協力して働こうとする意気込みや苦悩が感じられなかった。失敗の体験は二人に共有されていないらしい。

スタッフミーティングの様子。チーム内の問題を整理して話し合う

成功と失敗、喜びと苦悩を共有してこそ、信頼関係が生まれ、チームとしての自信も育つ。ラオス人スタッフは、オフィスで私のもっとも身近にいて、サポートしてくれる存在である。そして、村では村人と直接対話し、共同で活動をつくりあげていく。

任期の三年半をともに活動するなかで私にとって大切なのは、チーム内で喜びと苦悩をできるだけ共有し、そのうえで多くの成功体験を彼らに残すことだと思った。プロジェクトが終わる二〇〇八年までに、二人がＪＶＣのスタッフとして自信をもってやりとげたと実感できる成功体験の共有に向けて努力する。それが、農業技術者ではない私が貢献できる部分だろう。

■失敗に終わった果樹の苗の配布から学ぶ

一九九七年以降、ＪＶＣが力を入れてきたのは、村内にある自然資源を利用して堆肥をつくり、化学肥料や農薬を使わない果樹と野菜の栽培だ。それを広げるために共同農園を設け、農地の開墾から、作付け、管理、収穫までのすべてを共同で行なった。しかし、責任の所在が曖昧なため、真面目に作業する人としない人の間にしだいに亀裂が生まれる。結局、農地は各世帯に分割され、個人で栽培することになった。

ＪＶＣが配布して実をつけたパイナップル
このほかレモンやグアバなどの苗も配布した

その後、新しい駐在員によって井戸の掘削、米銀行、家庭菜園による栄養改善などの農村開発的な要素も取り入れられていく。そうした活動の一つである果樹の苗の配布を振り返るなかで、私とラオス人スタッフの間に小さな論争が起きる。

ＪＶＣラオスは二〇〇四〜〇五年に一七の村で、パイナップル、レモン、マンゴーなど一〇種類の果樹の苗を配布した。私の着任時には配布は終了し、植栽後のフォローアップ（過去に実施した活動が現在どうなっているのかを確認する）がおもな仕事になっていた。その際の最大の問題が、大量の苗の枯死《こし》である。

二〇〇五年のラオスは記録的な大雨が降り、苗のある程度の枯死はやむを得なかった。だが、フォローアップしてみると、枯死の原因は大雨による苗の根腐れだけではないのだ。シロアリなどの害虫にやられたケースもあったし、鶏や山羊などの家畜に食べられた、植え方が浅くて根付かなかったなど、村人の管理に起因する場合も少なくなかった。

家畜の被害は柵を設ければ防げるし、植え方が浅かったのは教え方の問題かもしれない。そこで緊急のミーティングを開いた。すると、ブンシンもフンパンも、自分たちの責任を追及されると思ったらしく、私が何も尋ねないうちに、枯死に至った理由を思いつくかぎり並べていく。

「果樹を植える際には自分たちが植え方の手本を見せたし、家畜の多い村では柵を作る指導もした。村人が教えたとおりになぜ実施しなかったのか、わからない」

「柵を作るには労力がかかる。村人はそんな面倒くさいことはしない」

「洪水になるとわかっていながら低地に植えた村人もいる」

死んだ苗は生き返らないし、二人を責めるつもりはまったくないことを確認したうえで、私はこう呼びかけた。

「今後同じことを引き起こさないために、なぜ多くの苗が枯死したのかをチーム全体で調べてみましょう」

ブンシンに聞いて整理した苗の配布過程は以下のとおりである。

① 村で行われた会議で、果樹を植えたいと村人が要望。
② 後日、苗を希望する村人を招集して、品種と本数を記録。
③ 記録に基づき、希望品種をビエンチャンで購入し、果樹販売店が手配したトラックで輸送。
④ 数日後に苗を各村で配布。配布時には植え方の手本を見せ、注意事項を伝達。
⑤ 村人が持ち帰って、植える。

この過程でまず問題なのは、村人という言葉が誰を指しているのかだ。①で「果樹を植えたい」と要望した村人と②で召集された村人は、別人かもしれない。また、④で注意事項を伝えた村人と⑤で実際に植えた村人が別人の可能性もある。たとえば注意事項を聞いたのは世帯主で、植えたのは子どもかもしれない。村人という言葉でくると、あたかも同一人物のように私たちは感じるが、実は毎回違う人物だった可能性がある。

もう一つの問題は、これが本当に村人の意思に基づいた活動であったのかどうかだ。ブンシンもフンパンも「果樹の苗の配布は村人側からの要望であり、品種も村人側が選んだ」と村人の「参加」という側面を強調した。しかし、参加とは単に村人の要望を実現することではないはずだ。村人はたしかに会議に「出席」していた。では、出席イコール参加と考えてよいのだろうか。

この時点で私のフィールド経験は、ブンシンやフンパンより大幅に浅い。したがって、二人に参加型事業の極意を説くことはできず、感じた疑問をぶつけたにすぎない。ただし、本当の参加とは何かに関して、どこかの時点でＪＶＣラオス全体として話し合い、学び合う機会をつくらなければならないと強く思った。

また、公平性と成功の見通しという観点からも、反省点が多い。たとえば、苗の種類の希望をどうやってとったのか。ビエンチャンからの輸送は妥当だったのか。植え方の指導は一度で十分だったのか。

そうした一つひとつの過程を検証し、どこにどんな思い込みがあり、それが失敗につながったのかを、三カ月後に半日を使って振り返った。

■契約書をめぐる論争

さらに、果樹の苗の配布をめぐっては、私とフンパンの間で論争が起きた。それは苗の枯死の問題ではなく、配布に際して作成されていた契約書についてである。

契約書は、苗の提供を受ける村人（個人）とＪＶＣラオスの間で交わされ、「村人の管理が行き届かずに苗が枯死した場合は一本につき五〇〇キープ（約五円）の罰金を支払う」と記されていた。

なぜ、個人とＮＧＯの間でこうした契約書を交わしたのか。村単位で事業を行い、一部の村人が他の村人の資産もまとめて管理するようなときに、村とＪＶＣの間で覚書を結ぶ場合はある。それは、一部の村人の行為が他の村人に大きな影響を与える可能性があるため、管理者の役割や支援額などを記入して公表し、支援の透明性を高める目的で結ばれる。けれども、個人とＮＧＯの間で契約書を交わすというのはあまり聞いたことがない。

このケースで、契約書を結ばなければならない特別な理由があったのだろうか。プンシンに尋ねたところ、契約書はフンパンが作成したという。彼はＧＴＺでも、苗木などを配布する際に同様な書類を村人と交わしていたそうだ。そこで、フンパンの説明を聞いてみた。

「苗を受け取った側にも責任が生じる。もちろん、書類をつくらなくてもよいもしれないが、書類があれば、管理の責任が明確になるというメリットがある。罰金を設けたのも、そのほうがきちんと管理しようという意識が村人にわくからだ。罰金は村長が集め、まとまれば新しい苗の購入費用に充てる。罰金額は村人が決め、村ごとに違う」

契約書と罰金制度という手段を用いて、責任と管理意識を明確にしたいということらしい。しかし、仮にＪＶＣが村人に責任を迫るのであれば、ＪＶＣ側の責任はどうなるのだろうか。ＪＶＣには、村人の活動を成功に導くようにサポートする責任がある。ＪＶＣは活動を成功させるために最善をつくしたと言えるだろうか？　そして、一番の問題は、ＪＶＣが契約書という手段を用いて村人の責任を迫るのに対して、村人はＪＶＣの責任を迫る手段を持ち合わせていないことだ。

それゆえ、明らかに「村人とＪＶＣの相互確認を目的とした契約書」ではなく、「ＪＶＣが村人の責任を追及するための契約書」となる。そこには、支援する側であるＪＶＣの優位性が見て取れる。しかも、フンパンが言う責任や管理意識は、ＪＶＣがあの手この手を用いて村人にもたせようとするものではない。村人自身が活動の必要性を感じていれば、自然と責任や管理意識は芽生え、行動となって現れるはずだ。

私は覚えたてのラオス語を駆使してこのような説明を繰り返した。すると、ふだんは人あたりのよいフンパンが、このときばかりは一歩も引かない。結果的に私は「同意できない」という意思表示をせざるおえなかったが、フンパンは繰り返した。

「契約書や罰金制度が大きな意味をもっているわけではない。形式的な存在にすぎない」

私も何度も言い返した。

「大きな意味がないのであれば、実施の理由にはならない。説明が説明になっていない」

議論は堂々めぐりで、決着の兆しはいっこうに見られない。最終的に、契約書の作成に「同意できない」という考えを私は変えなかったものの、破棄させはしなかった。フンパンの説明に納得はできなかったが、それまでの彼の言動や行動を観察するかぎり、意味もなく物事を行うとは思えなかったからだ。契約書を結んだ本当の理由がわかるまでは見守っていこうという結論を出したのだ。

もっとも、実際には、フンパンやブンシンの考えに反対することが怖かったというのが正直な気持ちだったと思う。フィールド経験においても、ラオスの文化や風土への知識においても二人に劣っていたから、彼らを差し置いて自らの意見を貫き、その結果に責任を取る自信はなかった。

苗の配布から苗づくりへ

当然ながら契約書をもってしても苗の枯死は止められず、枯死数は平均して配布数の半分に及んだ。その結果、苗の配布から、村で苗づくりを行うように、方針を変更した。

たとえば、マハサイ郡にはレモンの木が自生している。改良品種に比べて水分が少ないという欠点がある一方で、香りがよく、一年中実をつける。土地に合っているので、手がかからない。こうした地元に古くからあって村人が好む品種を、取り木という技術で増やしていった。枝の皮をはぎ、ココナッツの皮を細かく砕いて詰めたビニール袋をかぶせておくと、三週間くらいで新たな根が出てきて、苗木として植えられるのである。

また、実が大きくて甘いマンゴーのような改良品種は、村にはない。そこで、地元の品種を母体にして、カムアン県の気候と風土に合うと同時に、大きくなって、味がよい改良品種の利点も兼ね合わせた新しい品種を生み出すように工夫した。

時間と労働力と実利のバランス

果樹の苗の配布の失敗は、さらなる重要な発見を私たち農業・農村開発チームにもたらした。それは、時間と労働力と実利のバランスである。

苗の枯死の原因のひとつに、すでに述べたように家畜の被害がある。山羊以外は通常の柵で防げるが、この柵を設置していなかった。ラオス人スタッフは柵を設けるように指導したし、柵の材料は竹や木なので村内で十分に手に入る。では、なぜ村人は柵を作らなかったのか。

果樹の苗を植える時期は雨季であり、田植えの時期と重なっている。食料カレンダー（一二五ページ表1）と労働カレンダー（一二七ページ表2）を見ると、雨季には水田と焼畑という二つの米の生産があり、加えて林産物の採取と販売や交換、他世帯での労働の手伝いもある。つまり、村人にとって一年中でもっとも多忙な時期にあたっている。

そのなかで、果実を付けるまでに三～七年もかかる果樹の苗を守る柵を設けるのは、村人にとっては容易ではない。森に入って竹を伐採し、適切な大きさに切りそろえ、組み立てなければならないからだ。柵の設置は、NGOスタッフから見ると簡単に思える。ところが、村人にとっては多忙な雨季の限りある貴重な時間と労働力を要する大変な作業なのである。

農業・農村開発チームでは、対象村に入って半年～一年後に世帯別調査を行う。それをとおして、水田や焼畑などの働き手の数は一世帯につき多くても三人ということがわかった。しかも、三人とも男性というケースはほとんどなく、多くの世帯が雨季、とりわけ田

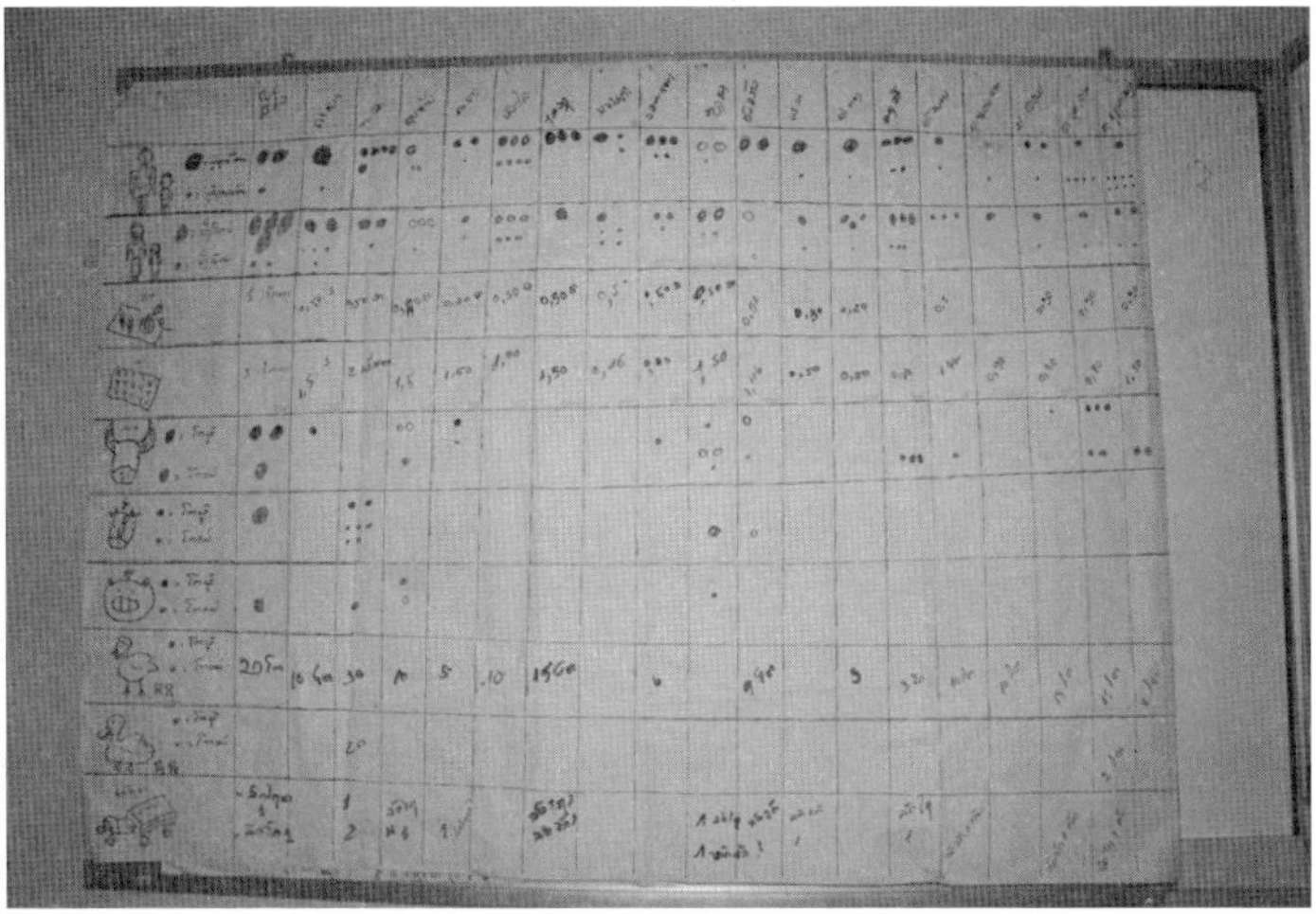

ガーヤンカム村の世帯別調査。横軸が世帯名で、縦軸に
世帯員数、働き手の数、農地面積、家畜数などを記入する

植えの時期は労働力不足に陥っている。こうした状況にある村人が、三〜七年後に実をつける果樹のために時間をかけて森に入り、柵を設置するために貴重な労働力を割くのは、常識的に考えてむずかしい。

だからと言って、果樹に関する支援活動が必要ないわけではない。ただし、時間、労働力、成果の大きさと確実さを考えると、稲作と比較して優先順位は落ちる。果樹の苗の配布をとおして私たちは、とくに多忙な時期の支援活動は実利だけを重視しても成功せず、時間と労働力とのバランスを考える必要があることを学んだ。

第4章
米不足への対応

幼苗一本植えの効用を農民に説明する村人のリーダー

悪路ではトラクターを降りて、押さなければならない

トラクターで訪れる村

マハサイ郡ガーヤンカム村は、私がもっともよく通った村だ。世帯数は四二。ベトナム国境近くに位置し、石灰岩の山とセバンファイ川に囲まれ、緑豊かで美しい。国道一二号線から約一〇㎞だが、雨季には車が入れず、トラクターに乗り換えねばならない。トラクターではわずか一〇㎞に一時間半もかかるから、必然的に村で泊まることになる。

セバンファイ川沿いには、ガーヤンカム村、ナタンドン村、ナタントン村、ノンコーク村、ヴァーン村と合計五つのＪＶＣの対象村があり、ガーヤンカム村がもっとも奥に位置する。古くは国道一二号線の近くにあったが、洪水を避けるとともに新たな農地を開拓

ラオスの一般的な村人の家。柱の大きさが村の森の豊かさを象徴している

するために、奥へ移動したという。たしかに、徐々に標高が高くなっていく。

ガーヤンカム村には緩やかな高地が多いため、近隣の村に比べて水田面積が少ない。焼畑中心の世帯も多く、五つの村のなかでも貧しい。

一般的なラオスの村人の家は高床式で、柱と床が木で作られている。森が豊かな村は壁も木で作り、そうでない村は竹を編んで壁材を作る。屋根は以前は村に自生する草を使用してきたが、最近ではトタンに変える世帯が多く見られるようになった。

■薬か米か

第2章で紹介したプッターとシーサ

ワットはともに一九八一年生まれで、いつもＪＶＣの集まりに参加していた。同世代で同じ独身の私に、二人は関心をもったらしい。しだいにＪＶＣの活動という枠組みを超えて、いろいろな話をするようになった。父親を亡くしているプッターは、母親、その両親、親戚と合計五人で暮らしている。男性の働き手がいないため、生活は苦しかった。シーサワットは村一番の美人で、気立てもよく、字が書ける。ＪＶＣが開催するワークショップでは、積極的に発表していた。

プッターも含めて、四割の一七世帯はかなり貧しい。乾季が終わりに近づいた二月のある日、会議の空き時間に、そうした貧しい世帯の女性たち数人とおしゃべりをした。話題の中心は、間もなく訪れる田植えの準備だ。

「田植えのときに子どもが病気になると、残っているわずかなお金で薬を買おうか、それとも米を買おうかと、いつも迷うわ」

スックさんのこんな言葉が私の耳にとまった。彼女は一〇代で結婚し、年子で合計九人を生み続けたという。たび重なる出産の影響で体が弱いうえに、一番上の子はまだ九歳で、他の世帯と比較して労働力も極端に不足していた。彼女以外にも、「田植えの時期に薬と米のどちらを手に入れるか迷う」と答える母親は多い。

■「本当に貧しい世帯」が見えていない

それから一カ月後、ガーヤンカム村の会議の後にいつものようにおしゃべりしていると、スックさんの顔が見えない。そういえば、このところ彼女に会っていない。いまは乾季で、農作業はそれほど忙しくないはずだが、どうしたのだろうか。すると、近くにいたプッターが私の心のなかを読むように、小さな声でささやいた。

「スックさんはとても貧しいし、子どもが小さいから、会議に来るのはむずかしいの。スックさんだけじゃなく、本当に貧しい世帯がこういう場所に参加するのは大変なのよ」

「本当に貧しい世帯」と言ったプッター自身も、ＪＶＣが行なった世帯別調査（五六ページ参照）の結果では「かなり貧しい世帯」に分類されている。だが、彼女はこう言った。

「私の家は貧しいけれど、私が会議に出ている間に農作業や林産物を採取したり、子どもの世話をする、おばあちゃんと母がいる。まだ恵まれた環境にあるのよ」

では、ＪＶＣの会議になかなか参加できない「本当に貧しい世帯」（最貧困層）は、いったいどんな暮らしをしているのだろうか。私はその状況を知りたいと思って、ブンシンとフンパンに尋ねた。ところが、驚いたことに、二人ともそのような人たちと接した経験がないと言う。

ラオスでは通常、村でＮＧＯが活動するたびに、カウンターパート（事業を実施する国の受け入れ先。ＪＶＣの場合はカムアン県農林局）を通じて、事前に村長に活動実施の依頼を出す。その際、会議に女性や青年を呼びたいときはそう指定しないかぎり、老人や家長（男性）だけが集まる。同様に最貧困層を呼ぼうとすれば、そう指定せざるをえない。

しかし、そう指定されると、呼ばれる側もいい気持ちはしない。また、特定の貧しい層だけを対象にした支援は、村内のもめごとを引き起こす可能性が否めない。したがって、これまでは最貧困層と接してこなかったというのが二人の言い分だ。

私もそれがわからないわけではなかった。たしかに、最貧困層だけを特定して集めるのは、双方に違和感がある。だが、それならＪＶＣが訪問すればいいだろう。すでに五つの村には何度も足を運び、ほとんどの村人が私たちの顔を知っていた。だから、会議に出られない人たちの家を訪問しても問題はないだろう。

■最貧困層を支える日雇い労働

こうして世帯別調査と村長の話をもとに、最貧困層が多いガーヤンカム村とノンコーク村の数世帯をピックアップし、翌週から個別訪問して、聞き取り調査を開始した。

個別訪問を重ねるうちに、会合に参加できない最貧困層は、水田がないか、あっても収穫がわずかで、焼畑地も三〇a程度と狭いことがわかった。だが、この周辺の村は、将来世帯数が増えたときに割り当てるために、開墾していない農地を約一〇haずつ村として所有しているはずだ。なぜ、農地が極端に狭い世帯が存在するのだろうか。聞き取り調査を任せたフンパンと新しく雇った女性スタッフのマニコーンに事情を尋ねると、二人は口をそろえて言った。

「訪問した世帯のほとんどは、乳飲み子が多かったり未亡人だったりして、極端な労働力不足なのよ。だから、村に農地はあっても、開墾できないんじゃないかな」

ところが、個別訪問時に行なった食生活調査によると、こうした最貧困層でも全員が朝晩二度の食事の際にはもち米を食べていた。水田がないにもかかわらず、どのように米を確保しているのか。それがわかったのは、さらに二回の個別訪問を実施した後である。

最貧困層の食を支えていたのは、第2章でも述べたように、水田や森林を多くもつ村内の他世帯での日雇い労働だった。労働の内容は男性と女性で違う。男性は木の伐採、製材、家の建て替えの補助などの力仕事が中心だ。女性は田植え、草取り、稲刈りなど稲作の手伝いである。貧しい世帯の多くはプッターの家のように主要労働力が女性なので、必然的に稲作の手伝いがおもな仕事になる。

一日の賃金は、平均二万キープ（約二〇〇円）か四kgの米だ（三七ページ参照）。首都ビエンチャンやタイへの出稼ぎとは異なり、村内や近くの村で手っ取り早く必要な米を手に入れられるわけだから、村人にとって悪い話ではないように、そのときの私の目には映った。

悪循環の連鎖

私たちは当初、聞き取り調査の対象となった最貧困層が水田を持っていないのは、最近ガーヤンカム村に移り住んできたために開墾に手がまわらないからだと思い込んでいた。しかし、調査結果をよく読むと、彼らは一〇〇年近く前から村に住んでいる古い世帯なのだ。それならば、だいたい三回の世代交代があり、子どもが育って労働力が確保できる時期があったにちがいない。なぜ、いまだに狭い焼畑地しか所有できないのだろうか。

その理由は、他世帯での労働によって生計を立ててきたからだと考えられる。他世帯での労働を始めるのは米不足となる六月ごろであり、それは田植えの時期と重なる。女性たちは、他世帯の田植えを手伝って自らの米を確保する。つまり、米と引き換えに貴重な労働力を他世帯のために提供するので、仮に自分の水田があっても田植えできない。その結果、実りの季節になっても焼畑地からのわずかな収穫しかないので、翌年の田植えの時期に再び米不足に陥る。

日本では機械植えだから、田植えにたいして時間はかからない。一般的な田植え機で二人一組で作業して、一日に一・五～二haは植えられる。ところが、ラオスの場合はすべて手で植えるので、家族四人で作業して一〇aを植えるのに五時間弱はかかる。

食べる米がなくなる→米ないし現金を手に入れるために他世帯の田植えを手伝う→自らの水田を田植えする時間がなくなる→収穫が不足する→米がなくなるという悪循環が続いているわけだ。その結果、開墾していない農地という大きな資源が村内にあるにもかかわらず、極端な貧しさから抜け出すことができない。

また、カムアン県は洪水が多いため、狭い水田に稲を植えても毎年きちんと収穫できる保障はない。最貧困層にとっては、収穫があるかどうかわからずに田植えするよりは、他世帯の田植えを手伝って米を確保するほうが確実で、効率がよい。他世帯での労働は貧困層にとって、もっとも低リスクな米の入手方法といえる。

プッターやスックさんが語っていた田植えの時期の悩みの理由が、私にもようやく理解できた気がした。この時期は、米不足にぶつかるとともに、自らの水田の田植えもしなければならない。他世帯の田植えを手伝えば、自分の水田に植える時間を奪われる。だが、狭い水田だけで生活できるほど、天水依存の稲作は甘くない。彼女たちはその狭間のなかで、手持ちのわずかな現金で「薬を買うか、米を買うか」という選択に毎年直面しなければならない。

伝統的な田植えでは大きな苗を植える

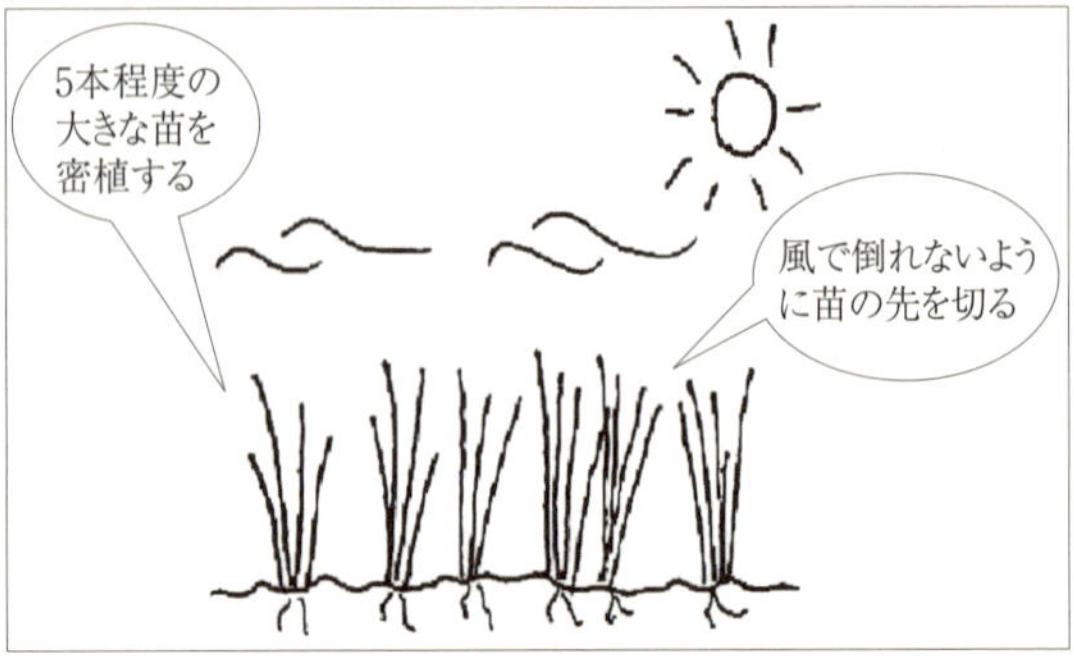
5本程度の
大きな苗を
密植する
風で倒れないよう
に苗の先を切る

私はこの問題を少しでも解消するにはどうしたらよいかを必死に考え、ある農法に出会った。それを述べる前に、村人が行なってきた田植えの方法を紹介しよう。

■村人が行う伝統的な田植え

発芽して三〇～四〇日が経過した三〇～四〇cmの大きな苗を五～八本、約一〇cm間隔で密植する。ラオスの水田では、タニシが稲の苗の最大の害虫で、小さくて柔らかい苗は食べられてしまう。大きな苗は田植え後の分けつ(茎の根元から新しい茎が生まれ、次々に増えていくこと)は少ないが、硬くなっているのでタニシの被害を防げる。

ただし、村人は大きい苗を密植した場合、収量が落ちることを経験から無意識のうちに理解しているようだ。その証拠に、あるときの村人との交流の場で、ピートシーカイ村のおばあさんが「土がいい田んぼでは苗の間隔を離して植え、よくない田んぼでは密植している」と話すと、多くの村人がうなづいていた。同様な

伝統的田植えでは労働力を分けない

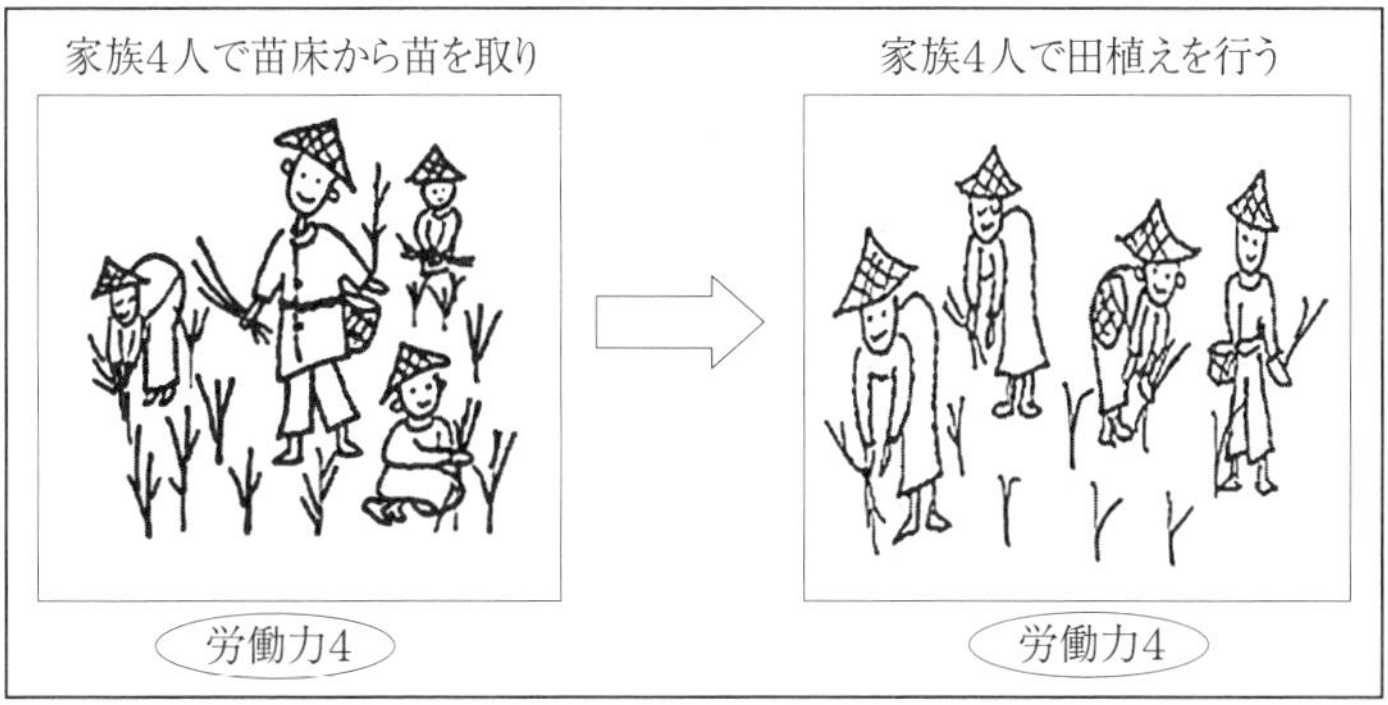
家族4人で苗床から苗を取り
労働力4
家族4人で田植えを行う
労働力4

話は他の村でもしばしば聞かれる。土に十分な養分が含まれていれば稲は活発に分けつするので、多くの苗を植える必要はないことを、村人は理解している。

村人の田植えに大きな影響を与えているのは、害虫や土質などの自然条件に加えて労働力である。労賃を支払って村人を雇える一部の世帯を除いて、多くの世帯は家族と親戚だけで田植え、草取り、稲刈りという重労働をこなさなければならない。近所で互いに手伝い合う習慣もあるが、鶏などの家畜を料理してもてなす必要がある。そのため、田植えの時期には家畜の消費量が多くなる。

村人は苗床から苗を順番に取っていく。雨季でも雨があがると、日本とは比較にならないほど日ざしが強い。最初に取った苗は水田に二〜三日置かれるが、発芽後三〇〜四〇日が経過した苗は耐乾性があるから、強い日ざしのもとでも枯れはしない。

全労働力を投入して苗取りが終わると、一斉に田植えだ。村人が苗取りと田植えを同時進行で行うことは、めったにない。なぜなら、二つの作業を同時進行すると労働力が二分割され、各人の負担が大きくなると考えられているからだ。

密植も労働力の軽減に一役かっている。密植すると植える時間はかかるが、日光があまり届かないため雑草が生えにくく、草取りの手間が省ける。カムアン県では、水田面積は少ない人で四〇a、多ければ六haだ。これだけの面積すべてを手取り除草するのは不可能に近い。そこで、草取りの手間を省くために、あえて密植する。事実、私は村人が草取りしている現場を見たことはほとんどない。

村人は労働力の投入を現金支出と同じ感覚で捉えている。できるだけ投入を抑え、利益を確実に得られる方法を選択する。こうした観点から見ると、伝統的な農法は、自然の状況(害虫や土質)と労働力の投入とのバランスに基づいた取捨選択の賜物と言えるのではないだろうか。

苗床への種モミの播き方は、水田の保水状況によって三つに分かれる。

第一は、水田の一部を平らにした苗床に播く。比較的水が保てる水田で取り入れられ、「タッカー」と呼ばれる。水が多いから、苗を傷つけずに取ることができる。

第二は、畑を耕すように五cmぐらい掘り起こした苗床に播き、乾燥を防ぐために土を軽くかぶせる。「カーボット」と呼ばれ、水が不足しがちの水田で行われる。土で覆われているから苗を取るのにやや手間がかかり、根を切ってしまう危険性がある。

第三は、竹で土に深さ三～五㎝の穴を開けて播く。これは陸稲と同じで、水が非常に不足している水田で行われ、「サッカー」と呼ばれる。根が地中に深く入るため、幼苗段階での苗取りは不可能に近い。

村人の伝統的な田植えは、どの播き方にも対応できる。土地の条件を選ばずに行えるという意味では、優れた方法と言えるだろう。

幼苗一本植えとの出会い

最貧困層が米を手に入れる目的で他世帯に手伝いに行かなくてすむためには、米の生産量が増えればよい。単純だが、水田面積も労働力も限られているから、決して簡単ではない。

ＪＶＣの農業支援はこのときまで果樹や野菜が中心で、稲作に関しては私の前任者が完熟水牛糞堆肥を用いた比較試験栽培を行なった程度である。果樹や野菜では水牛糞を主材料とした堆肥をつくって畑に入れ、単位面積あたりの生産量(反収)をあげてきた。水田でもそれが妥当な路線と考えられる。とはいえ、多くの世帯が労働力が足りないと訴えている状況では、労働力を必要とする堆肥づくりの推奨は逆効果になるだろう。

労働力を投入せずに、反収を上げるアイデアはないものだろうか。いろいろ聞いたり調べたりするなかで、CEDAC（カンボジア農業研究・発展センター）というカンボジアのNGOが実施してJVCカンボジアも注目し始めていた、「幼苗一本植え」（SRI＝System of Rice Intensification）という新しい技術に強い可能性を感じた。

幼苗一本植えの田植え

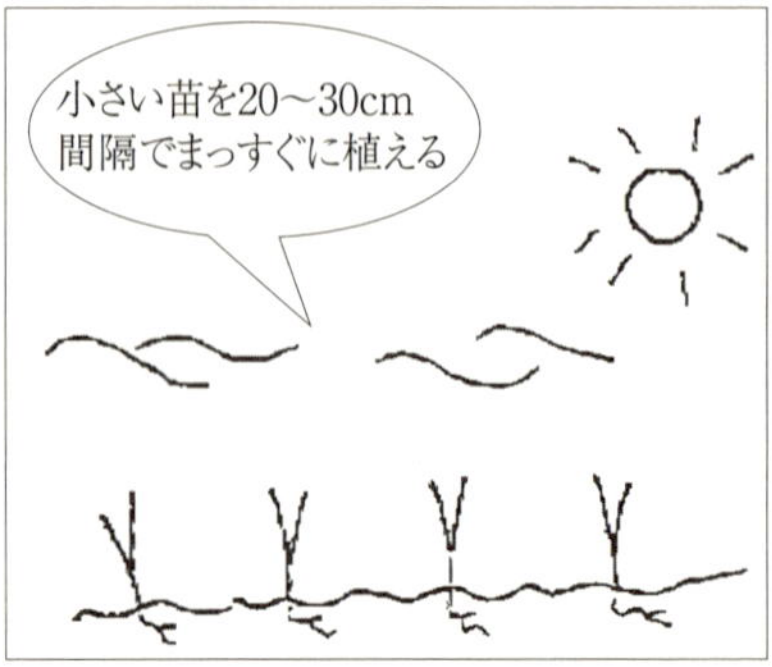
小さい苗を20～30cm
間隔でまっすぐに植える

幼苗一本植えとは読んで字の如く、発芽後一五日以内の幼苗（一五～二〇cmの小さい苗）を一本ずつ、二〇～三〇cm間隔で植える。苗と苗の間が広くなれば、苗にたくさんの日光があたり、通気性もよくなるから、多くの酸素を吸収できる。もちろん、田植えの労力も少なくてすむ。

また、小さい苗を植えるので田植え後に分けつ可能な日数を確保でき、一本の苗が五〇株程度に分けつするので、収量が増える。カンボジアやインドネシアの実績では、一〇aあたり平均六〇〇kgと日本の反収を上回っている。この反収をラオスに当てはめると、五〇aで六人家族が一年間食べる米が確保できる計算になる。

幼苗一本植え(右)と通常の植え方(左)では、同じ品種でも分けつが大きく違う(田植え 90 日後)

しかも、乾燥糞などをある程度投入する必要はあるものの、植え方を変えるだけで、堆肥づくりのような労働力は不要だ。最貧困層にも実施可能ではないかと思われた。

ただし、幼苗なので、苗床から苗を取る際に根を切らないようにしなければならない。したがって、苗床は水が保てるタッカーが最適である。カーボットの場合は細心の注意が必要で、サッカーではほぼ不可能だ。また、苗と苗の間隔が広いから、雑草が生えやすい。とくに、田植え後二〇日目ぐらいまでに必ず一度は草取りしないと、苗が雑草に負けてしまう。さらに、苗が小さいので、水が深い水田には向かない。

ラオスでは、オックスファム・アメリカ[1]が二〇〇〇年から南部のサラワン県で取り入れており、ブンシンとフンパンもスタディーツアーで現場を訪れていた。だが、サラワン県の場合は土質が非常によい。収量の増加が植え方によるものなのか確認できなかったというのが、二人の正直な感想だった。カムアン県はすでに述べたように洪水が

幼苗一本植えの試験栽培。ヒモを用い、まっすぐ植えようと努めたのだが…

多いし、砂地の村もある。二人が幼苗一本植えに対して前向きではなかったので、私は提案した。

「まずＪＶＣで水田を借りて、試してみましょう」

これがＪＶＣラオスの稲作に関する新たな活動の幕開けとなる。

■初めての成功体験の共有

私たちはセバンファイ郡ブンファアナータイ村の村長だったカダン氏の協力を得て水田を借り、幼苗一本植えの試験栽培を行うことにした。この村を選んだのは、ＪＶＣの事務所から車で三〇分程度とアクセスがよく、頻繁に訪ねて生育具合を調べられるからである。また、話し合いの結果、雨季作に入る前に乾季作で試験してみたほうがよいという意見が多く、この村にはちょうど乾期米を栽培する灌漑施設があった。

田植えをしたのは、二〇〇五年の一二月である。目的は幼苗一本植えの効果の確認なので、JVCカンボジアから取り寄せた栽培マニュアルに忠実に従った。品種は、長くブンファアナータイ村で植えられてきた改良種で、種モミとしても使用できるTDK1。肥料は、田起こしをした際に完熟水牛糞、田植えの直前に完熟鶏糞を投入した。化学肥料はまったく使っていない。

その結果、タニシや鳥の大きな被害も受けず(もともとタニシの被害が少ない水田を選んだ)、一〇aあたり四四五kgと上々の収量を達成した。この村の平均収量が化学肥料を十分に入れて四〇〇kgだから、その一割増しである。

この試験栽培の成功は、私たち農業・農村開発チームにとって三つの点で大きかった。まず、幼苗一本植えの効果を村人とともに確認できたことである。次に、乾季作で化学肥料を使用せずに高い収量を上げて村人の関心を引き付けたことである。そして、何よりもうれしかったのは、チーム内で初めての成功体験を得られたことである。二〇〇六年四月、私が赴任してちょうど一年が経とうとしていた。これがきっかけになって、農業技術者でない私を見るブンシンとフンパンの目が少しずつ変わっていく。

二〇〇六年の雨季には七つの村で村人自身が幼苗一本植えを導入した。そして、最終的には二五村、五五世帯の水田に広がっていく。JVCラオスの対象村の平均で、収量は一〇aあたり二〇〇〜三〇〇kgと、伝統的な植え方の三倍程度だった。さらにカムアン県農林局の乾季作普及政策にも取り入れられ、JVCラオスの農業・農村開発活動で特筆すべき成果をあげたのである。

収穫直前の集中豪雨

二〇〇七年のカムアン県は雨季に目立った洪水はなかったものの、雨季作の収穫直前の一〇月中旬に大雨が降り続き、黄金色に実った穂が雨水に浸かるという悲劇的な事態が発生する。大雨はJVCが対象とするすべての郡に及び、ブンシンたちは村人に負けず劣らず稲の状況を心配していた。明け方から凄まじい集中豪雨があったある日、ついに我慢できなくなったフンパンが言い出す。

「これから村を見に行こう」

四人の農業・農村開発チーム全員でピックアップトラック(後ろに広い荷台が付いた車)に乗り込み、やや小雨になった国道一二号線を走り出す。一二号線はナムトゥンⅡダムへの経路となっているため整備が進み、水没はしていなかったが、しばらく走ると両側の水

ガーヤンカム村への道は水没して、舟でなければ入れなかった

田の変わり果てた光景が私たちの目に飛び込んできた。広大な湖が道の両側に広がっているだけで、稲は見当たらない。さらによく目を凝らすと、穂先だけが辛うじて水面から顔を出しているのがわかる。

ニョマラート郡にさしかかるころ、雨の中で村人が水田に浮かべた船に乗って、稲を刈り取る姿が見られた。雨に浸かった稲は黒くなり、炊いても米特有の香りが完全に失われる。土臭い匂いが鼻につく新米は、日本人の数倍は嗅覚が鋭いと思われるラオス人にとって深刻な問題だ。それでも、収穫できればまだいい。稲が流されて、まったく収穫できないケースも出てくるだろう。

国道一二号線からガーヤンカム村に入る道は完全に水没して、車は通行できない。セバンファイ川沿いの五つの村は完全に孤立状態だ。寸断された地点でしばらく立ち尽くしていると、ガーヤンカム村の村人が船を漕いで来るのが見えた。

「この先はどうなっているの？　村は無事なの？」

「セバンファイ川が氾濫して、一時は高床のすぐ下まで水が来た。いまはだいぶ引いたけれど、村には船でしか入れないよ。洪水で逃げ場がなくなった家畜もたくさん死んでしまった」

彼の話を聞いたフンパンは、「船で村に入ろう」と言う。しかし、村に行っても私たちには状況の確認しかできない。雨は再びひどくなってきた。準備もなしに村に入ってスタッフに何か起これば、取り返しがつかない。いっしょに活動してきた村人や稲を心配するフンパンの気持ちが痛いほどわかるだけに辛かったが、いったん引き上げることにする。

■セーフティーネットとして機能した幼苗一本植え

それからの数日間は、国際協力機構（ＪＩＣＡ）や世界銀行などに現地の情報を伝えるための写真やレポートの送付に時間を費やした。そして四日目、フンパンがしつこくかけていた村人への電話がようやくつながる。村人の話は驚くべき内容だった。

「ほとんどの田んぼは全滅した。水はあっという間に稲の上まで達し、穂が完全に浸かってしまった。でも、幼苗一本植えだけは洪水の被害を受けずにすんだ。あれはカオドーだから、雨の中を総出で必死に刈って、完全に水に浸かる直前に終えられた」

カオドーは田植えから約三カ月で収穫でき（二九ページ参照）、村の在来種に多い。収量は少ないが、成育期間が短いので、水を必要とする期間も短い。そのため、やはり水をあまり必要としない幼苗一本植えと相性がよいのではないかという村人の指摘があり、二〇〇七年には多くの村人がカオドーを植えた。そのカオドーだけが収穫できたのだ。

これはＪＶＣの対象村の至るところで見られた現象である。幼苗一本植えは、米の収量を上げただけでなく、村人のセーフティーネットとしてもうまく機能した。以後、幼苗一本植えは多くの村に口コミで広がっていく。

なお、このときは幼苗一本植えだけが村人の注目を集めたが、村人は元々、一つの種類だけに頼らず、成育期間が異なる複数の稲を植えていた。そうした古くからの村人の知恵が今回の成功の根底にあったことを、きちんと認識しておかなければならない。それは、不安定な天水依存のもとで稲作を営んできた村人のリスク分散の知恵だ。そこに幼苗一本

労働力が分割される幼苗一本植えの田植え

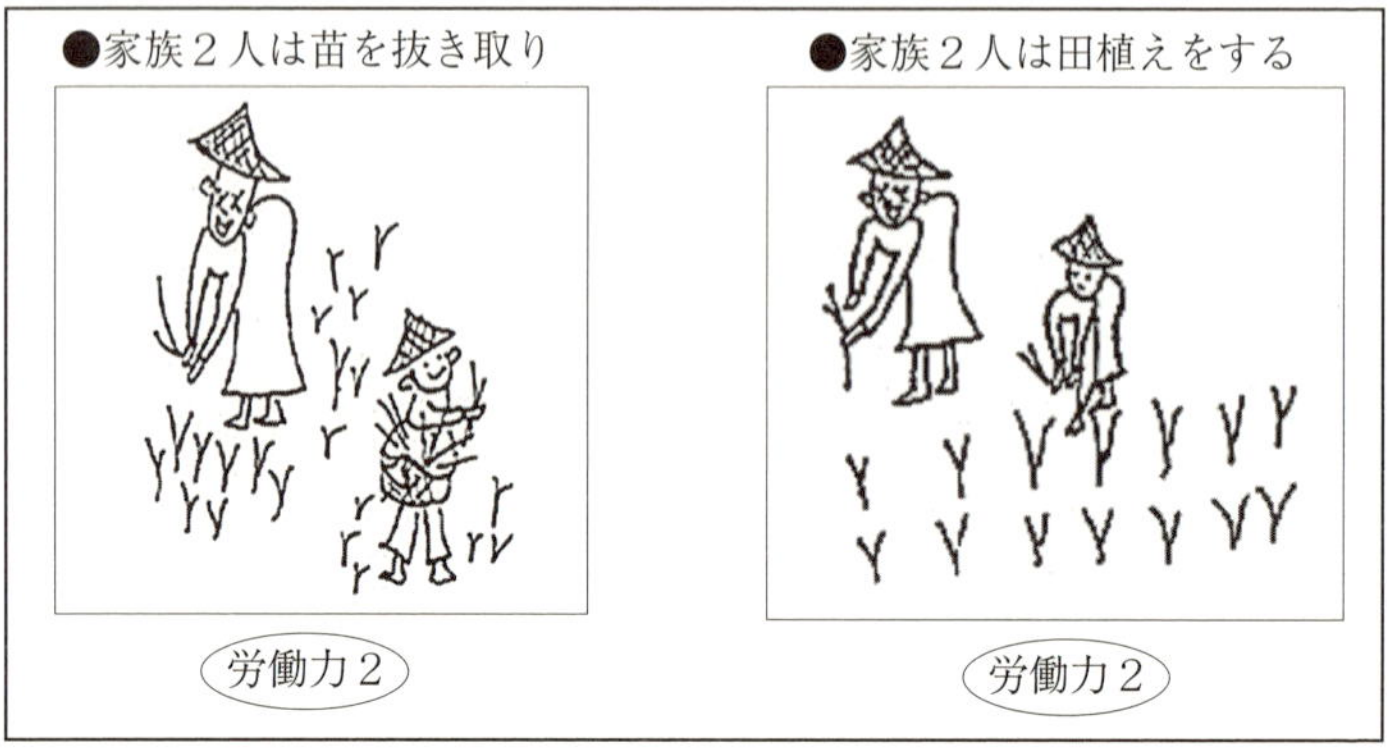

植えがうまくつながって、稲の全滅という最悪の事態を避けられたのである。

ただし、カムアン県ではまだ複数の在来種が残っているものの、改良種の普及によって、ラオス全体を見ると、在来種は明らかに減りつつある。通常の植え方では収量が少ないからだ。在来種でも収量を上げられ、古来の知恵であるリスク分散型の作付体系を守るという意味においても、幼苗一本植えの技術は重要な役割を果たしたと言えるだろう。

■新たなジレンマ

幼苗一本植えが広がる一方で、問題点も浮き彫りになった。幼苗一本植えは当然、村人がどんなに小さくとも水田を所有していることが前提条件となる。水田を持たない最貧困層にとっては、何の意味もない。

また、堆肥づくりに比べて労働力が少なくてすむと考えていたが、実はそうでもなかった。東南アジアの陽射しは非常に強く、高温に弱い幼苗の場合は苗取り後わずか一五分以内に田植えをしなければならないといわれているからだ。そのため、苗床から苗を取る人と田植えする人に労働力を二分する必要がある。村人にとって、それは相当な負担と感じられた。

そこで、村人と試行錯誤を繰り返していく。そして、陽射しが弱くなる午後三時以降であれば、すぐに田植えしなくても幼苗へのダメージを防げることがわかり、労働力を軽減するための一定の打開策となった。それでも、幼苗一本植えを導入した貧しい世帯は数えるほどにすぎない。ほぼ中流層から上流層に限られていた。水田の面積が狭い貧しい世帯は、収量が少なくても確実性のある伝統的な植え方を選んだのである。

貧困層の米不足を解決する一助として幼苗一本植えを位置づけていた私たちは、正直とまどった。収量の増大に貢献したとはいえ、ＪＶＣの支援を本当に必要とする村人には届いていない以上、手放しで成功とは喜べない。幼苗一本植えの限界も明らかで、違う方法を模索する必要があった。だが、収量の増大以外に、田植え時期の米不足を解消する方法を、はたして見出せるのだろうか。

■米銀行の見直し

ＪＶＣラオスは一九九〇年代前半に、米銀行というシステムを導入した。カムアン事務所初代駐在員（九二〜九五年）の松本悟・赤坂むつみ夫妻が、不測の自然災害時に村人が米を借りることを目的として実施したのである。その後しばらく途絶えていたが、第三段階に入って復活していた。

米銀行とはその名が示すように米を借りる銀行で、農村開発・支援では広く取り入れられている。最初の元本（貸す米）は支援する側が用意し、村人は米が足りなくなったときに借りる。利率や借りる期間と量は、村ごとに決める。ＪＶＣの対象村では平均、利子が一〇〜二〇％（貧困層は無利子）、返却までの期間は約半年間だった。利子分が次に貸し出す米となる。ブンシンも証言しているとおり（四六ページ参照）、ＪＶＣの農業・農村開発においてもっとも成功した活動と言ってよい。

ラオスの村では、備蓄できる米は、村人にとって現金のような役割を果たしている。したがって、米銀行は村にとって初めての共同基金と言ってもよい。当初は米を貸す機能だけだったが、利子分の米が増えるにつれて、それを売って現金に変え、村に必要な支出（道路整備、学校や寺の修復）に使うようになった。

たとえば、マハサイ郡クワンクワイ村では余剰米を換金して、国道一二号線から村までの二kmあまりの道を自力で整備した。ヒンブン郡ドンドゥー村では小学校のトタン屋根の購入資金の一部に当てている。日本では、道路も小学校も国や地方自治体の予算によって建設される。ところが、政府の財源が限られているラオスでは、村人が資金を出し合って建設しなければならない。米銀行は、こうした公共事業のための大きな財源の一つとしても機能している。

ガーヤンカム村とノンコーク村で最貧困層の村人と話すなかで私たちは、自然災害時だけでなく、毎年の田植え期間の米不足の問題を改めて痛感させられた。貧困の悪循環を断ち切るためには、自らの水田の田植えを行う労働力を確保する必要がある。

だが、この地域の米銀行の主要目的は洪水など不測の事態が発生したときの貸し出しであり、毎年の田植え前に十分な米を借りられるようにはなっていなかった。私たちはその問題を村のリーダーたちに伝え、村ごとに話し合いをもっていく。その結果、焼畑の陸稲が収穫できるまでの六月と七月の二カ月間に食べる米を田植え前に借りられるように、米銀行委員会で米銀行の目的や規則を見直すことにした。

■必要な量が借りられていない

その後、各村の米銀行委員会の活動は順調のように思われた。しかし、ここで再び大きな問題にぶつかる。

ある日、米銀行のフォローアップにスタッフがガーヤンカム村、ノンコーク村、ヒンブン郡のパーデン村を訪れ、帳簿を確認していた。そのとき、各世帯への米の貸出量を調べていたフンパンが、不可解な点に気づく。

たしかに、どの村も田植え前に米を貸し出し、希望する世帯が受け取っていた。ところが、帳簿をよく見ると、どの村でも年間とおして米が自給できる富裕層も借りているのだ。しかも、貧しい世帯が借りている量は、一カ月の最低消費量に満たない。

なかでも第三段階に入って最初に米銀行を再開したパーデン村では、貧しい世帯が借りる米の量が極端に少ない。三〇kgしか借りていない貧しい世帯がある一方で、村長など一年間自給できる世帯が一〇〇kgも借りている。家族構成により異なるが、成人男性が平均で一カ月に二〇kg食べることから考えて、最低でも一カ月に六〇kgは必要なはずだ。二カ月分で三〇kgというのはあまりにも少ない。早速、村長に事情を聞いた。

「われわれは将来、米銀行を村の共同基金の原資にしたいと考えている。そのためには、米銀行の米蔵の米をできるだけ早くに増やさなければならない。だから、自分も含めて米を借りる必要がない世帯も借りて、利子分の米を増やす必要がある」

村長はじめ村のリーダーたちの気持ちはわかる。けれども、これでは田植え前に多少なりとも借りられるようになっただけで、本質的には何も変わっていない。必要な量を借りられなければ、貧しい世帯がかかえる問題は解決しない。新たな壁に私たちは当惑した。

村のリーダーの動きを見守る

前回の話し合いでは、村のリーダーたちは六月と七月に食べる米を貸し出すように快諾したではないか。行政の支援が限られているラオスでは、村人は村内の資源に頼らなければならない。村の発展のためにそうした資源を増やそうとするのはリーダーたちの役割である。だが、同じ村で暮らす貧しい世帯の声を聞き、彼らの生活がよくなるように努めるのもまた、リーダーたちの役割である。

「村長の話はわかるが、肝心なのは村長の考えではない。最低量にも満たない量しか借りられていない貧しい世帯の考えを聞こう」

このころには農業・農村開発チームの実質的リーダーシップをとっていたフンパンが、暗くなった雰囲気を盛り上げるように提案した。

再び訪れたパーデン村では、最初に村人との話し合いの場をもつことにする。そこで口火を切ったのはリーダーたちである。

「自分たちが米を借りている理由は、米銀行の米の量を増やしたいからだ。また、借りる村人が少ないから、自分たちが率先して借りている」

パーデン村には最高で六haの水田を所有する世帯があり、ＪＶＣ対象村のなかで水田面積は広い。ただし、砂地であるために水不足が大きな問題で、収量は一〇aあたり六〇kgと非常に少ない。そうした背景から田植え前の貸し出しを始めたはずなのに、「借りる村人が少ない」とはいったいどういうことだろうか。リーダーたちに聞いた。

「借りると利子をつけて返さなければならないから、貧しい世帯の多くは借りたがらない」

そして、程度の差こそあれ、貧しいのはみんな同じだから、一部の世帯にだけ利率の引き下げや利子の免除はできないと言う。利率の引き下げには村の女性同盟のトップを務める女性が強固に反対し、この話し合いでは収まりがつかなかった。

その後、貧しい世帯へ個別に聞き取りを行うと、私たちの予想どおり「借りたいけれど、返せなくなるのが怖いので、たくさんは借りられない」「返せる分だけ借りるようにしている」と答える世帯が多い。リーダーたちの「貧しい世帯の多くは借りたがらない」という説明とはズレがあった。貧しい世帯は「借りたいけれど、借りられない」のである。

　米銀行を管理する側の村のリーダーたちと、米を多く借りたい側の貧しい世帯との間にある微妙なズレは、他の村にも見られた。「将来の村の生活を改善する目的で利子分の米を確保したい」と考えるリーダーたちと、「貧困の悪循環から抜け出すために、いま十分な米がほしい」と考える貧しい世帯の溝を埋めるには、どうしたらよいのだろうか。

　手っ取り早いのは、ＪＶＣが貧しい世帯に対して利率の引き下げなどの措置をとるように、リーダーたちを指導することだった。時間に制約があるプロジェクトにおいては、それがもっとも早くて確実だ。

　しかし、本質的には、貧しい世帯に対する利率の引き下げの必要性をリーダーたちに理解してもらわなければならない。持てる者が持たざる者に配慮するのは、ラオスに古くから存在する相互扶助の精神にほかならず、村内の平等を欠くわけでは決してない。

　ＪＶＣは外部者であり、プロジェクト終了後は村から出ていく。リーダーたちが村をつくっていく主体である。彼らが貧しい世帯の状況と特別な規則を設ける必要性をよく理解していなければ、米銀行以外の活動でも同様な問題が起きるにちがいない。こうした考えに立って、ＪＶＣからの助言や提案は行わず、ぎりぎりまでリーダーたちの動きを見守る方針を固めた。

カテを作るパーデン村の女性たち

なお、この聞き取りでは、マイヒアという竹を使用した「カテ」と呼ばれる壁材の作成がパーデン村周辺の村人の現金収入となり、生活を支えていることもわかった。カテはマイヒアを二つに割り、叩いて潰して平たくし、交互に編み込んで作る。木材が不足している村では壁材の代替として重宝され、一枚二万キップ(約二〇〇円)程度で商人が買い取るという。

■刺激としての中間評価を工夫

とはいえ、何らかの変化を起こすためには刺激が必要になる。村のリーダーたちにどんな刺激を与えれば、プラスの変化を起こせるだろうか。私たちは、二〇〇七年四月に控えるプロジェクトの中間評価を利用することにした。

この中間評価は、四年弱のカムアン県駐在のなかでもっとも印象深い出来事の一つだ。中間評価は一般に、プロジェクトの成果を確認し、目標に到達したか否かや、定めた指標が現状に即しているかを確認するために行われる。このときは、「評価」(ラオス語でパムンポン)という言葉をなるべく使わず、村人がＪＶＣといっしょに自分たちの活動を振り返るという意味で、「振り返り」(ラオス語でトワンクーン)という言葉を用いた。そして、振り返りをとおして、村人もＪＶＣも新しい発見をすることを目標とした。

開発プロジェクトにおける中間評価は、ともすればＮＧＯはじめ外部者が対象地域から情報を得るだけとなりがちだ。しかし、プロジェクトの主役はあくまで村人だから、外部者にとってよりも、村人にとって有益な内容にしたい。

この時点での最大の問題は、村のリーダーたちと村人との間に存在するズレである。このズレをどうすれば解消できるのか。私たちは話し合いを重ね、以下のような結論を出した。

「中間層、貧しい層、女性など多種多様な村人の声を村のリーダーたちが聞く機会を、振り返りのときに設けよう」

それぞれの層が意見を出し、それを見比べていけば、米銀行の活動の受けとめ方や効果、そして問題意識が微妙に異なることを村のリーダーたちが気づくはずだ。そこで、リーダー、中間層、貧しい層、女性などのグループを各村につくり、グループごとに、米銀行設置前と設置後の状況、米銀行のよい点と問題を感じている点を書き出してもらうことにする。

ただし、準備段階で、スタッフから「貧しい層だけのグループをつくると、そこに振り分けられた人たちは気を悪くすると思う」という意見が出た。そこで、貧しい層に中間層も必ず一人は混ぜ、リーダーグループ以外は「普通の村人のグループ」と外から見えるように工夫する。加えて、各グループにJVCスタッフをファシリテーター（進行・調整役）として配置し、全員の意見が反映されるように注意した。

また、松本・赤坂夫妻時代に米銀行を設置した村のリーダーたちも意図的に招いた。彼らの村では富裕層は米を借りておらず、貧しい世帯への利率引き下げも行なっている。異なる考えをもつリーダーの話を聞くことは、いま問題に直面しているパーデン村などのリーダーたちの刺激になると考えたからだ。

引き下げられた利率

このときの中間評価は辛口に見ても、かなりの成果があったと思われる。まず、「米を借りたいけれど、借りられない」という村人が公式な場で話した結果、リーダーたちはその状況に目を向けざるをえなくなる。そして、以前に米銀行を設置した村の代表として参加したヒンブン郡ノンプー村のミーおじさんとサイおじさんの熱い問い掛けが、村人の胸に強く響いた。

「自給できる人は、米を借りる必要はない。困っている人が困っているときに安心して米を手に入れられる場所が米銀行じゃないのか。米銀行で一番大切なのは、管理する側と借りる側の信頼関係。それをつくるのがリーダーの役割だ」

いずれは村を去る側の人間が発する問いではなく、村のリーダーが語るからこそ、強く村人の心を打ったはずだ。

事実、中間評価が終わって最初の米の貸し出しの際には、三つの村すべてが貧しい世帯への利率を半分に引き下げた。また、ガーヤンカム村では、焼畑地しか持たない世帯のために、焼畑を作付けする前の二月にも米を貸し出すことを独自に決定し、翌年から実施する。これについては、ＪＶＣは後から知ることになった。さらに、新たにマハサイ郡ナタンドン村も米銀行を開始する。

二〇〇八年四月の最終評価の時点では、四つの村すべてが貧しい世帯の利率を半額に引き下げるか利子を全額免除する特例を設け、貧しい世帯も二カ月間分の消費量に相当する米を借りられていた。

■翻弄される村人

こうしてプロジェクトは成果をあげて終了するかに思えた。ところが、パーデン村では最終評価から四カ月後、米の貸し出しを停止する事態に追い込まれたという。正確に表現すれば、米を借りる人がいなくなり、貸し出しが行われなくなったのである。

この連絡を受けて二〇〇八年八月にパーデン村を訪れた私たちは、半年間の大きな変化に直面する。ベトナム企業が一〇haの共有林を収用し、伐採後にゴムの植林を始めていた。この企業は、さらに一〇〇haの収用を申請しているという。この共有林では最貧困層が林産物を採取し、マイヒアも多く自生していた。そのため、これまでの過剰な採取とも相まって、貴重な現金収入となっていたカテ作りが事実上不可能になる。

その結果、急速に出稼ぎが増えた。利子を払って米を米銀行から借りるより、村外で現金収入を得て米を買うことを、村人は選択したわけだ。国道一三号線から二km程度という立地も、出稼ぎを容易にさせた一因だろう。この変化は、村の内部から生まれたものではなく、外部からもたらされている。

いずれにしても、村人は食べていかなければならない。幼苗一本植えの導入も、田植え前に米を借りられるようにしたのも、村人が確実に米を食べられるためである。私たちは、村人が自分自身の収穫を増やすことが最善の方法と考えた。しかし、開発の波が押し寄せるパーデン村では、現金収入を得て米を買うという選択肢のほうが、確実に食べる方法になったのである。

新たな形での米銀行の支援を始めて、三年が過ぎようとしていた。パーデン村の米銀行はその後、正式に中止が決定する。最初にＪＶＣが元本として貸し出した米と同量の米が村から返却され、村には村人が建てた米を保管する共同の蔵だけが残された。

この三年間でラオスは経済発展に邁進し、大きく変わった。変化の一部は企業による土地収用としてパーデン村にも押し寄せ、村人の暮らしを変えた。村人はＪＶＣと活動しながら、変化に適応しようと努力してきたにちがいない。

結果的にパーデン村の米銀行の活動は終わった。それは、村人が悪いからでも、ＪＶＣの努力が足りなかったからでもない。辺境の地に暮らす村人が外部からもたらされる変化によっていかに翻弄されるのを如実に示す現象のひとつなのである。

(1)オックスファムは、世界一〇〇カ国以上で活動する民間の国際協力団体。一人ひとりが尊厳をもち、自分の生活を自分で決められる、より公正な世界をめざす。

第５章

開発の意味と支援者の責任

森林調査における村人との話し合い（サワナケート県アサポン郡ケーンメウ村）。左がフンパン

開発とは何だろう

「開発」はラオス語で「パッタナー」という。この言葉は、日本語の開発以上にラオスでは多用されている。行政職員が政策や将来を語るとき、ＮＧＯスタッフが外国人や村人に説明するとき、そして村人自身が自分たちの状況を説明するときなど、さまざまな場面で必ずといってよいほど使われる。

ＪＶＣ農業・農村開発チームのカウンターパートであるカムアン県農林局耕作課のマライポンは、二〇〇六年五月にＪＶＣが行なったラオス人スタッフ向けの研修でこう語った。

「私が村人に技術普及活動をするとき、開発という言葉を使うが、それが具体的に何を指しているのかよくわからない。今回の研修でそれが理解できることを期待している」

マライポンの言葉にあるように、行政職員自身も開発の意味をよくわかっていないのが現実かもしれない。事実、開発とは何かの具体的な説明はむずかしい。それゆえ、数字で測ることが可能な「経済」に置き換えて考えられがちになる。

しかし、開発（Development）のラテン語の語源は velare（包み、囲まれた領域）と De（広げる）だ。つまり、囲まれた領域（包み）の中にあるものを解きほどいていくという意味になる。

包みの中には人や社会がもつ多くの可能性があることを考えると、経済だけにとらわれない、より広い枠組みで開発を語るべきだろう。

私たちが携わっている開発とは何か。そして、開発における参加の意味やＮＧＯスタッフの役割は何なのか。改めてそれを考えることがＮＧＯ活動のあり方を問い直すよい機会になるのではないかという想いから、この研修を企画した。

研修の講師であるインド人のチャタジーさんは、生態系に配慮した農業・農村開発の専門家だ。インドのコルカタ（カルカッタ）にある、自らが創設したＤＲＣＳＣ（Development Research Communication & Services Centre）というＮＧＯで活動している。チャタジーさんが行なった研修内容は非常に示唆に富むので、ここで紹介しながら、本来の開発や参加の意味と支援者の責任について考えていこう。

開発とは変化を起こすこと

開発の定義を一言で表せば、変化を起こすことだ。そして、変化にはプラスの変化とマイナスの変化がある。マイナスの変化をできるかぎり抑え、プラスの変化を起こす過程をサポートすることが、現場で開発プロジェクトにかかわるＮＧＯスタッフや行政職員のおもな役割になる。そして、チャタジーさんによれば、もっとも困っている人が利益を得る

図２　ゴールまでの多様な道(方法)

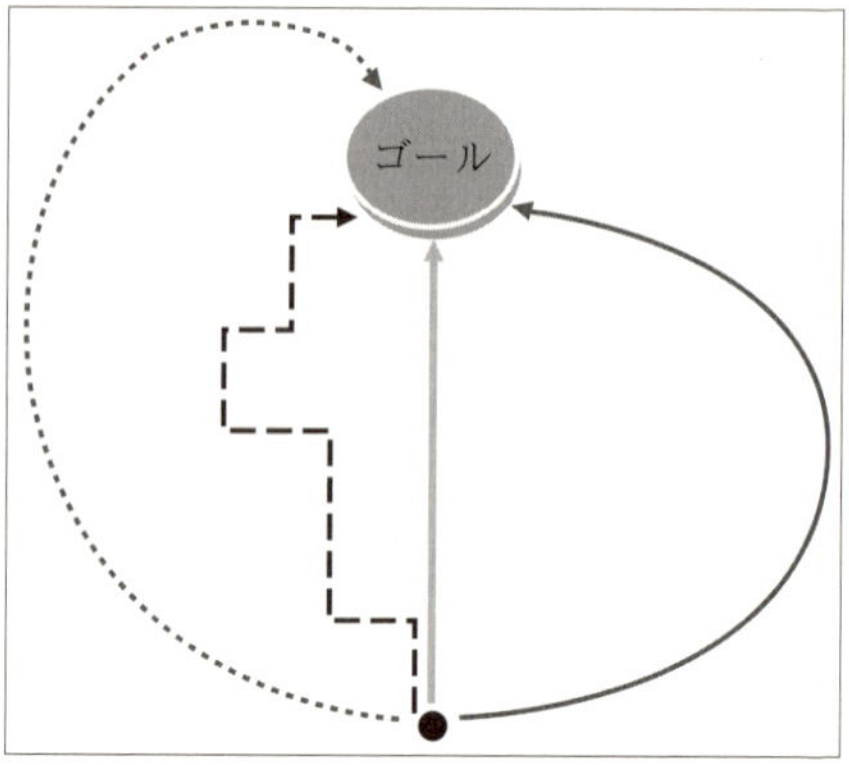

ようなプラスの変化が本来の開発である。この定義に従うと、同じ変化でも、中間層や富裕層だけが利益を受けるような多くの開発プロジェクトは、本当の意味で開発とは言えない。

変化をもたらし、ゴールや目的に至る過程には、さまざまな道(方法)がある(図2)。ここでいうゴールや目的は、プロジェクトの成果を意味する。そこに達するまでには、遠まわりな道もあれば最短距離の道もある。この多様に存在する道はプロジェクトでは手法ないし戦略であり、目的やゴールまでの距離はプロジェクトの過程と言えるだろう。チャタジーさんは言う。

「早くゴールに到達する道が一番よいとは限らない」

「ゴールに到達するまでの過程こそが開発において重要である」

■ＮＧＯスタッフや行政職員の大切な役割

開発がプラスの変化であるとすると、どういうときに変化は起きるのだろうか。言い換えると、何がきっかけで変化は起きるのだろうか。言うまでもなく、人が変化したいと思うのは何らかの問題に直面したときである。ただし、問題という言葉は抽象的かつ定義が広いため、十分に注意しなければならない。問題は、「自分たちが変えたいと思うもの」と「自分たちが変えられると思うもの」の二つに大きく分けられる。

たとえば、ラオスでは、乾季は午前五時に空が明るくなる。六時までぐっすり寝ていたいと思う人が多くいれば、五時に太陽が昇るのは問題と言えなくもない。しかし、これを問題だと主張する人は実際にはいない。なぜだろうか。

それは、遅くまで寝ていたいと思っても、五時に太陽が昇るのは変えられないことを多くの人びとは知っているからだ。つまり、最初から解決できる可能性がないものに対しては、多少の迷惑を被っていたとしても、それを問題視する人はいない。

では、逆に人びとが問題と感じるものは何だろうか。それは、解決できる可能性があると感じているものだ。困難に直面したとき、それを解決できる可能性があると信じるからこそ問題と考える。そこで初めて、困難が問題へ変化する。だから、五時に昇る太陽は、人びとにとって困難ではあるにしても、決して問題ではない。

ところが、困難と問題をはき違えているＮＧＯや開発プロジェクトは実に多い。困難は富裕層や貧困層に関係なく、限りなく存在する。一方、問題に対する人びとの関心は高く、変えられる可能性があると感じているにもかかわらず、実際には変えられていない。その原因は複雑で、深い場合が多い。チャタジーさんは言う。

「村人は多くの場合、自分たちが変えられると信じているもの、つまり問題に対しては、解決に向けて何らかの努力をしてきた。大きな問題と感じていればいるほど、解決するために試行錯誤を重ねてきている」

したがって、NGOスタッフや行政職員は村人の問題を知る前に、まず村人がこれまで何に対してもっとも努力してきたのかを知ることが大切である。それがわかれば、必然的に村人がかかえる問題も見えてくる。そして、村人の努力を知ることこそ、現場活動者のもっとも大切な役割であり、使命である。

今回の研修を行う背景にあったのは、第3章で取り上げた果樹苗論争だ。私は当時、フンパンとブンシンが納得できるように、自分の考えを論理的に説明できなかった。

私自身この研修を受けてよかったと心から思う。村人自身が変えられると信じている問題に取り組むのが開発の前提である、ということがよくわかったからだ。このように開発を捉えれば必然的に、出発点は当事者である村人になるから、ある開発プロジェクトが参加型かどうかを議論する必要はなくなる。言い換えれば、参加型かどうかという議論が出てきた時点で、その開発プロジェクトは参加型ではない。したがって、村人の参加の意志が議論の焦点の一つとなっていた果樹苗の配布活動は、参加型ではなかったと結論づけざるをえない。

再発を防ぐように努める

では、村人がかかえる問題が明らかになった場合、どう解決していけばよいだろうか。チャタジーさんは四つの方法を示した。

①影響を少なくする（応急処置を施す）。
②現状以上の悪化を食い止める。
③他の人びとに影響が広がらないようにする。
④問題の再発を防ぐ。

①〜③は、物質的な援助や一時的な支援によって比較的容易に達成できるだろう。開発プロジェクトにおいてもっとも困難であると同時に重要なのは④だと私は思う。

ここでJVCラオスの活動で実際に起きた例を紹介しよう。

すでに述べたとおり、JVCラオスでは土地森林委譲制度に基づいて、村人が使用している森を村の共有林として政府に登記することを支援してきた。登記によって村内の土地の面積と所在地が明確になり、土地の管理権が国から村に委譲される。こうして、村の裁量による土地の貸与が可能になるので、農地を持たない最貧困層に対する貸与を進めてきた。彼らが自らの農地を持って耕作できれば貧困から脱却する一助となると考えたからである。だが、最貧困層のほとんどが数年以内に農地を返してしまった。なぜだろうか。

最貧困層に貸与された農地は土地税が三年間免除されるなどの特別措置もあったため、ＪＶＣは彼らの生活レベルが向上すると期待していた。しかし、第４章で述べたように、彼らにとっての最大の問題は、農地がないことや土地税の支払いではなく、耕す労働力だったのである。

ラオスの法律には「農地を貸与された場合は耕作活動をしなければならない」という条項があり、三年以内に耕作を行わなければ返却しなければならない。それゆえ、労働力がなければ法律に従って返却せざるをえない。最貧困層が一時的に農地を手に入れても、問題は解決しなかった。

これは、チャタジーさんが示した④に該当するケースで、再発を防げなかったわけだ。こうした事例は多くの開発プロジェクトで起こっており、ＮＧＯが活動する際にいつも留意しなければならない。

依存度を高めない支援

問題を解決する際の現場スタッフの仕事は、ＮＧＯであれ行政であれ、しばしば医者にたとえられる。医者が患者の診察をする際には、まず患者の話を聞くことから始める。いつごろからどんな症状があるのか、経緯をヒアリングする。次に患者を観察するだろう。それは、目で見えるもの（顔色や発疹など）と目では見えないもの（熱、心音、脈拍）の双方で行われる。そして、最後が検査（テスト）だ。たとえば、採血して血液中のさまざまな値を調べたり、アレルギー反応を調べたりする。これは、ヒアリングと観察で把握した患者の状況の最終的な裏付けとして重要である。

この三つの過程は、現場スタッフが村人の問題を解決する際にそっくり応用できるとチャタジーさんは言う。医者が患者を診断する際、ヒアリングや観察だけでは裏付けに欠ける。診断が間違えば、たとえば頭痛を腹痛の薬で治すはめになる。開発プロジェクトにおいては、病気を「問題」、治療や薬を「活動」と言い換えられるだろう。症状に合った薬でなければ病気は治らないように、適切な活動でなければ村人の問題を解決できない。

そして、鎮痛剤は一時的に病状を回復させるが、時間が経てば元の状態に戻ってしまう。にもかかわらず、鎮痛剤のような活動が現在の開発プロジェクトに蔓延していないだろうか。たとえば、化学肥料を使用した稲作や家庭菜園の普及はその典型だろう。化学肥料を投入すれば一時的に収穫量が増えるが、土は豊かにならないので、化学肥料の投入量を増やしていかなければ収穫量が維持できない。

ＪＶＣラオスもそうした活動を行なってはいないだろうか。鎮痛剤を使い続けると徐々に効かなくなるから、強い鎮痛剤を使わなければならなくなる。その結果、依存度が高まっていく。同様に、村人の依存心を高めてしまうような支援もあるにちがいない。薬と同じく、いったん高まった援助への依存心の除去は容易ではない。

また、果樹の苗の配布について言えば、そもそもこの治療は適切だったのだろうか。仮に適切だったとしても、ビエンチャンから運んで来た、村人がこれまで使った経験がない、いわば新薬の使用は、間違っていなかったのだろうか。これらを考え直す必要がある。自らに服用経験のない新薬をいきなり患者に試す危険性を、現場スタッフは認識しなければならない。

支援者側の責任の自覚

医者は誤診が許されない。これに対して、ＮＧＯや行政の現場スタッフの仕事による誤診は発覚しない場合もよくある。また、誤診が明らかになったとしても、責任を追及されることはまずない。現場スタッフの失敗は見えにくいため、責任の所在の曖昧さにつながる。こうした結果になるのは、活動の実施者が村人であるからだ。活動開始時の準備や技術指導が誤っていたとしても、活動しているのは村人だから、失敗の矛先は村人に向けられがちだ。

しかも、患者が医師を選べないように、村人は村を訪れるＮＧＯや行政の現場スタッフを選べない。現場スタッフはそれをよく自覚し、自分の行う仕事を批判的に見る目を養っていかなければならない。

果樹の苗の配布の際に結んだ契約書については、医師が患者に「この薬を服用して病状が悪化した場合、すべての責任は患者側にあります。その後に起きた問題に関する補償は病院側に求めません」と約束させているようなものだ。医師が薬の服用の仕方をきちんと患者に説明しなければならないように、ＪＶＣも苗の植え方や苗の特徴をきちんと村人に説明する責任があった。

そもそも、村人はなぜ外部者であるＮＧＯの支援を必要とするのか。村人が解決できる可能性があると考えている問題が、村人の力だけで解決できるとは限らない。いま各地でＮＧＯや開発援助関係者が取り組んでいる問題のほとんどは、解決できる可能性があるが、村人の力だけではむずかしいと思われる。だからこそ外部者が支援する意味がある。

村人だけで解決できれば、すでに問題ではなくなっているだろう。

村人と、村人を支援するNGOは、「問題を解決する」という同じ目標に向かって進んでいる。そうした協働者には、目標に到達するためにそれぞれに課された役割と責任が存在する。お互いがそれを果たして初めて、問題が解決できる。

■ローカルスタッフのストレス

こうした責任の自覚は、それほどむずかしいわけではない。にもかかわらず、なぜフンパンもブンシンも自らの責任にはふれずに、契約書という強固な手段を使って、一方的に村人に責任を果たさせようとしたのか。

いま考えると、それは恐怖心からではないかと思う。前述したとおり、私はあの時点で自らの主張を通さなかった。それは、自らの主張を通した結果に責任をもつ自信がなかったからである。恐かったとも言える。同じことがフンパンとブンシンにもあったのだろう。

彼らは村の活動の最前線に立っている。成功と失敗を直接目にする機会も多い。しかも、活動の結果を代表である私や、ときには東京の本部からの出張者に報告しなければならない。失敗した場合、私たちは結果よりもなぜ失敗したかの分析を重視し、必要以上に責任の追及はしない。とはいえ、私たちは彼らの監督者であり、雇用契約から給与額までを決める立場にある。

ローカルスタッフにしてみれば、私たちに失敗を報告するのは、私たちが想像する以上に大きなストレスとなるだろう。だから、失敗という結果を恐れるあまり、活動の協働者である村人の責任を問うことに懸命になってしまう。そして、いつしか「村人に責任を守らせることが自分たちの役割」と考え、それが契約書という形式をとって現れたのではないだろうか。

第6章

マクロレベルの問題とアドボカシー

村の保護林。赤マツやビルマカリンなどが多く見られる

■保護林を伐採!?

「ブンファナータイ村の保護林を伐採する計画があるらしい」

二〇〇七年の初め、ＪＶＣラオスの森林チームのカウンターパートであるカムアン県農林局のカムウェーンが、事務所の向かいにある会議室でコーヒーを入れている私に、話しかけてきた。セバンファイ郡のブンファナータイ村は、ＪＶＣが幼苗一本植えの試験栽培をした村だ。ほかにも、果樹の苗の配布や村の共有の浅井戸などＪＶＣの農村開発活動とのかかわりが深い。

「保護林を伐採するなんて、いったいどういうこと?」

意外な話に半分くらい寝ぼけていた私の頭は完全にさえ、詳しい話に耳を傾けた。

ラオス軍の大きな部隊が近々サワナケート県からカムアン県に移動することになり、駐留地の建設用地を探している。目をつけられたのがブンファナータイ村の保護林だという。村の森林には野生動物が多く、林産物も豊富で、竹の子やキノコなどが村人の貴重な現金収入となっている。しかし、村が位置するのはラオス中部の経済の要衝サワナケート県へ続く国道一三号線沿いである。そのため、すでにシカを飼育するという名目での土地収用、鉱山の採掘、ゴムの植林という三つの開発問題をかかえている。

ブンファナータイ村周辺はカムアン県の経済中心地として期待される一方で、村を含むシーブンファアン区（区は郡の下の行政単位で、三〜四の村で構成されている）には貧しい少数民族が多い。灌漑施設の整備など政府の支援は他区と比較して多いにもかかわらず、村人の暮らしはいっこうによくならない。この地域で母子保健分野で活動する日本のＮＧＯであるＩＳＡＰＨ（International Support and Partnership for Health）の報告によると、村の乳児死亡率はラオス平均の二倍程度にのぼるという。

仮に、ブンファナータイ村の保護林が伐採されれば、シーブンファアン区にとって大変な事態となる。保護林を失った場合、村人は貴重な現金収入の手段を奪われるからだ。法律上は保護林の利用は認められていないものの、実際には多くの村人がそこから現金収入を得ている。しかも、土地森林委譲でいったん村が使用権を得た土地を失えば、村人の土地森林委譲への信頼がゆるぎかねない。ＪＶＣラオスとしては決して無視できない大きな問題である。

■詳細を探る

とにかくカムウェーンの情報の詳細を確かめるため、私はカムアン県農林局のカムファン副局長に、すぐに面会を申し込んだ。

カムアン県農林局には、局長の下に二人の副局長がいる。このほか農林普及局もあり、その局長を含めて合計四名が、県の農林行政の中核を担っていた。カムファアン氏はその四人の最年長で、NGOや企業投資を含む海外協力全般が担当だ。温厚な人柄から多くの職員に慕われ、尊敬されている。

数日後、面会が可能になったという連絡がブンシンに届く。赴任して一年半が経つこのころには、私はある行政職員のアドバイスを受け、三カ月に一度の割合でカムファアン副局長との定期会合をもつようになっていた。

表向きの目的はJVCラオスの活動報告だが、対象村で外部的要因によって起きた土地問題や環境問題などを話し、農林局の意見や解決へ向けての協力を仰ぐ場合が多い。ブンファナータイ村に関する相談は、後者にあたる。ときには一時間以上にわたるこのミーティングに、カムファアン副局長は文句一つ言わず、親身に耳を傾けてくれる。

私とブンシンは、いつものように穏やかな表情で部屋に迎え入れられた。

「今日はどんな相談がありますか？　最近のJVCの活動はどうですか。幼苗一本植えがとてもうまくいっていると聞きました」

「はい。まずまず順調です。今日は三カ月間の活動報告に加えて、セバンファイ郡ブンファナータイ村のことでおうかがいしたい件があります」

私は通常の活動報告を簡単に行い、今後の計画にもふれた後、なるべく自然にブンファナータイ村の話題に移った。

「幼苗一本植えの試験栽培に最初に成功したのがブンファナータイ村です。最近この村で、ある噂を聞きました。サワナケート県から軍隊が移動してくるらしく、その駐留地の建設用地の候補としてこの村の保護林があげられているというのですが、本当でしょうか。また、ご存知のとおり、ブンファナータイ村があるシーブンファン区はセバンファイ郡のなかでも非常に貧しい地域です。住民たちは林産物に生計を依存しており、保護林が伐採されれば彼らにとっては死活問題となる可能性があります」

「セバンファイ郡に軍隊が移る話は聞いています。ただし、駐留地の候補地がブンファナータイ村だとは知りませんでした。あなたが指摘するとおり、あのあたりは貧しく、村人の生活に大きな影響が出かねません。けれども、私の手元には詳細な情報がない。いったんこの話は私に預けてもらえませんか。詳しいことがわかりしだい、ＪＶＣと話し合いをもちましょう」

カムファン副局長の対応に、私はすがるような気持ちで答えた。

「ぜひ、そのようにお願いしたいと思います」

ただし、私たちの帰り際に、カムファン副局長はこうも付け加えた。

「話の詳細はまだわからないが、軍については農林局の管轄外であるのは間違いない。国家レベルの話で、農林局としては賛成も反対もするべき立場にないことを覚えておいてほしい」

緊張したまま部屋を出ると、どっと疲れが出た。詳細はわからないが、帰り際の発言が農林局の本音であろう。農林局では解決がむずかしい場合、相談窓口をどこにすればよいのだろうか。そう考えながら農林局の出口へ向かって歩いていくと、カムソーン氏の部屋のドアが開いているのが目に止まった。部屋に来客はいない。

真相が判明

書類に目を通していたカムソーン氏はもう一人の農林局副局長でナンバースリー、タイで林学を学んだ森林分野の専門家でもある。ふだんはジョークが大好きなおじさんだが、こと仕事となると頭が切れ、農林局で一目おかれている。彼なら詳しい事情を知っているのではないか。とっさにそう判断した私は、思わず部屋の扉をノックした。

「こんにちは、カムソーン副局長。いま、お忙しいですか。ちょっとおうかがいしたいことがあるのですが」

「やあ、久しぶり。今日中に提出する書類に目を通しているけど、少しくらいなら時間はあるよ。まあ、おかけなさい。何か困ったことでも起きましたか？」

「森林がご専門のカムソーン副局長ならご存知ではないかと思い、お尋ねするしだいです。JVCの対象村にブンフアナータイという村があるのですが、その村の保護林が軍の駐留地の候補にあがっているという話を聞きました。詳細をご存知でしょうか」

私の話を聞くや否や、カムソーン副局長はそれまでの笑顔から急に真剣な顔つきになり、おもむろに後ろの戸棚からファイルを取り出した。私が聞いた詳細は以下のとおりである。

〈ブンフアナータイ村の森は一九九六年八月にJVCラオスが申請した土地森林委譲によって、保護林、荒廃林、利用林、精霊林、保全林の五つに分けられた(1)。国道一三号線の東側に位置する保護林と保全林は五七〇haにも及び、近隣でもっとも豊かな動植物を残す場所として知られている。同時にブンフアナータイ村付近は、ラオス政府が将来的な経済中心地として期待するサワナケート県とカムアン県をつなぐ要衝として、二〇〇〇年ごろから注目を集め出した。土地森林委譲が実施されているにもかかわらず、近年はゴムの植林、シカの飼育場の建設など複数の事業が計画され、利用林や農地の一部が収用されている。

サワナケート県に駐留していた四〇一部隊が新たな駐留地の建設を求めてカムアン県の

国道一三号線沿いを調査し始めたのは、二〇〇六年の終わりごろである。軍は当初、県都タケークに近いナーサアート区を建設予定地としていた。ところが、詳細な調査の結果、地下に岩盤が多く水源から離れているうえに、郡都からも遠いという理由で却下される。その後の再調査で目をつけられたのがシーブンファン区だ。最終調査報告書は二〇〇七年初めに出され、添付された地図にはブンファナータイ村の保護林と利用林にほぼ重なる形で駐留地の場所が描かれていた。

また、これは後で知ったことだが、四〇一部隊が突然移動することになった背景には、インド系植林会社による土地収用問題があるらしい。政府が四〇一部隊の駐留地をユーカリ植林地として提供せざるをえなくなり、追われた部隊の移動が決まったというのだ〉

「まだ決定ではないが、すでに調査は終わっている。いま私の手元にある情報は、これですべてだ。あくまで軍が実施する事業であり、農林局としては管轄外だ。とはいえ、村人やＪＶＣが困ることがあれば、いつでも言ってほしい」

結論はカムファン副局長とあまり変わらないものの、詳細がわかっただけでも大きな収穫だった。どうやら噂は事実らしい。駐留地はいつ着工されるのだろうか。そして、最大の問題は情報がきちんと村人に伝わっているのかどうかである。

■知らされていなかった村人

早速、この件に関して郡や県から何らかの連絡を受けているか村人に聞く必要がある。ちょうど、乾季米の幼苗一本植えのフォローアップでシーブンファアン区に行く予定があったので、ブンファナータイ村に立ち寄った。

最初に、元村長であるカダンおじさんの家を訪問。そんな話はまったく聞いたことがないという、予想どおりの返事だった。その後、現在の村長を含む村のリーダー数名に尋ねたが、全員知らないと言う。

「ゴムの植林やシカの飼育など、この村の土地ばかり狙われる。一つ解決しても新しい問題が毎年起こってくる。どうすればよいのだろうか」

「保護林がなくなるなんて信じられないし、許されない。あってはならないことだ」

同行したブンシンによると、次のように話した村人もいたそうだ。

「もし保護林を伐採しようとするなら、鍬と鋤を持って居座ろう」

ＪＶＣが行なってきた森林の利用権を法的に認めさせる活動をとおして、村人は権利意識をもち、自分の意見を主張するようになったのである。

いずれにせよ、村には何の情報も届いていなかった。日本も同じだろうが、開発などで実際に大きな影響を受ける地方の人びとには、情報は最後にしか伝わらない。しかも、ほぼ決定してからである。

このときは、カウンターパートのカムウェーンから農林局が把握している情報を村人に伝えてもらうとともに、ＪＶＣは農林局と協力して解決のためにできるかぎりのことをしたいと話した。同時に、その限界も率直に伝えた。

「なにしろ軍の管轄下の問題である、農林局の権限は及ばない。努力はするが、力が及ばない部分もあることを理解してほしい」

■ＮＧＯとして黙認はできない

この問題の解決がむずかしいのは明らかだった。相手はラオス政府そのものであり、まして最大の権力を握っている軍である。簡単に話が進むわけがない。ＪＶＣは大きなＮＧＯではないし、資金力も政治力もない。制約は多いが、できることを探し、一つずつ実行していくのが大切だ。もちろん、軍を管轄する国防省へのコネクションはない。まず、農林局の協力を取り付けなければならない。計画の見直しを表明するように働きかける必要があるだろう。

セバンファイ川の下流に位置するシーブンファン区は洪水の常襲地帯で、米の生産量が限られている。政府は灌漑施設を整備して二期作の導入を図ったものの、生産量はたいして増えていない。少数民族の多さも、貧困に輪をかけていた。少数民族は言葉や習慣がラオ族とは異なるため、政府が進める開発プログラムが浸透しにくい。

私たちは、森林チームと話し合い、保護林が失われたときの影響の大きさを農林局に説明するための情報を集めていく。村人が保護林から何を採取し、どう消費しているか、またどこへ販売してどれくらいの現金収入を得ているかを調べ、一枚の大きな紙にまとめた。その過程で、シーブンファン区は、ラオス政府の貧困撲滅政策の一貫として開発重点地区に指定されていることが判明する。農業技術の講習や母子保健の普及などの特別プログラムが予定されているという。

開発重点地区に指定して特別な支援を行おうとする一方で、村人が生活の糧にしている保護林を伐採する計画が進む。この矛盾をカムアン県の行政はきちんと把握し、貧困撲滅政策の一翼を担う農林局にも強く訴えるべきである。

とはいえ、軍の駐留地の建設は国家事業にほかならない。同じ国家機関である農林局が見直しや反対意見を表明するのは、常識的に考えればありえない。また、社会主義体制にあるラオスでは、土地は国家のものであり、村に委譲されるのは森林や農地の利用権にすぎない。したがって、国家が国益のために必要とする土地を村人の承諾なしに利用することは、論理的に可能である。ブンファナータイ村のケースも、その例外ではない。

私たちは悩んだ。しかし、社会主義体制の文脈では間違っていないとしても、村人の生活は確実に壊される。村で活動するＮＧＯとして、それを黙認してはならないのではないか。論理的に正しくても、道義的に正しいとは限らない。例外を一つずつ積み上げ、例外を通例に変えていくことでしか現実を変えられないとしたら、今回のケースはその一里塚になりえるのではないか。

そうした想いから私たちは、農林局の同意を得て国防省に保護林の伐採を見直す要望書を提出することをめざして、カムファアン副局長との再度の話し合いに備えた。

■緊迫の話し合い

カムファアン副局長から直接の電話があったのは、それから二週間ほど経ってからである。私は土地森林委譲実施の際に作成したブンファナータイ村の地図、村人が生計をいかに林産物に依存しているかを一枚にまとめた大きな紙、そして、国防省宛ての要望書を持参し、ブンシンとカムウェーンを伴って、副局長を訪ねた。部屋に入ると、カムソーン副局長も同席している。二人に椅子に掛けるように勧められて席についたものの、緊張し、心臓は高鳴っていた。

「今日、ここに来てもらったのは、ほかでもない。ブンファアナータイ村の件について話し合うためです。この件に関してはカムソーン副局長からおおよその話を聞きました。今日は地図を見ながらどの保護林が駐留地として予定されているのかを確認したうえで、ＪＶＣの意見を聞きましょう」

カムファアン副局長は、いつものように穏やかな口調でそう切り出した。

「ありがとうございます。まず、ＪＶＣのために再度お二人の貴重なお時間を割いていただいたことに、感謝を申し上げたいと思います」

私はそう答えると、ブンファアナータイ村の地図を机の上に広げ、状況の説明に入った。地図には駐留予定地だけでなく、ブンファアナータイ村と企業などによる開発事業の間で起きているすべての土地収用問題を書き込んである。

「軍からＦＡＸしていただいた駐留予定地を、ＪＶＣの手元にある土地森林委譲の際に作成した地図に重ねてみました。保護林と利用林の一部が重なっていることがおわかりいただけるでしょう。この保護林と利用林から村人はラタン、ナッツ、はちみつ、キノコ、レモン、マンゴーなど実に五〇種類以上を採取しています。村人が国道一三号線沿いで自分たちの市場を持ち、それらを販売して貴重な現金収入を得ているのは、ご存知のとおりです。

また、村人が影響を受けているのは今回の駐留地問題だけではありません。この地図にあるように、シカの飼育という名目での土地収用に加えて、ゴムの植林会社へも三〇ha提供することにすでに同意させられています。今回の駐留地建設によって残り少なくなった森林が伐採された場合、村人が暮らしに受ける影響は測り知れません。

シーブンファン区は、カムアン県の開発重点地区に指定されていると聞きました。一方で貧困脱却のための支援を行なっているにもかかわらず、伐採を許可すれば村人の貧困を加速させる可能性が強いという事実を、よく考えるべきではないでしょうか。

軍の駐留地建設は国家として必要であり、その重要さは私たちも十分に理解しています。建設の中止は、おそらく不可能でしょう。しかしながら、ラオスという国にとって村人もまた軍隊と同じくらい尊いのではないでしょうか。なんとか駐留地の建設と村人の生活がともに成り立つように、農林局として協力していただければと思います」

私の言葉を受けて、カムソーン副局長が答えた。

「セバンファイ郡の少し先、サワナケート県の市街地に入る手前にセノーという町があるのを知っているだろうか。セノーがいま経済的に発展しているように、セバンファイ郡も今後カムアン県の経済の重要なポイントになる。将来、セノーのような発展が期待できる。軍の駐留地ができ、人口が増えれば、地域は活性化し、村人のチャンスも増えるはずだ」

私は必死に、なおかつできるだけ冷静に、二人に問いかけた。

「経済的な視点から見て、軍の移動にメリットを感じないわけではありません。けれども、駐留地の建設のために保護林を伐採すれば、あまりに急激な変化を村人に強要することになりかねません。日本人でさえ、そうした変化に素早く適応するのはときに困難です。村人が少しずつ変化に適応していける内容に変更する要望書を提出していただくことはできませんか」

しばしの沈黙の後、黙って私の話を聞いていたカムフアン副局長がようやく口を開いた。

「『蓮も傷めず、水も濁さず(2)』というラオスの古いことわざがある。その意味を知っているだろうか。このことわざは、まさにいまあなたが言ったことを指している。軍はラオスという国にとってなくてはならないが、それと同じくらい人民が大切なのもまた真実だ。軍の顔が立ち、人民への影響も少なくなるような形で、可能なかぎりの解決策を探ってみよう」

数週間後、「ＪＶＣが作成した国防省宛ての要望書に農林局長がサインして提出した」という連絡をカムウェーンを通じて私たちは受けた。もちろん、一枚の要望書だけで状況が大きく変わるわけではない。とはいえ、村人がおかれている状況を中央政府に伝えるという、現地に事務所を置くNGOでなければできない役割だけは、とにかく果たすことができた。十分な権限がないなかで、できるかぎりのことを村人のために行なってくれた農林局の良心にも、この場を借りて改めて感謝したい。

■突然の朗報

その後、数カ月が流れた。その間、駐留地の建設は着工されなかったが、計画の中止や変更の連絡もない。要望書の効果はなかったのだろうか。

伐採計画を気にかけながらも、新しく起きる問題やプロジェクトの進行業務に忙殺されて、月日は過ぎていく。国の利益にかかわる問題に対してNGOが見直しを求めるのはむずかしいと実感していた。

そんな折、幼苗一本植えに関する農民交流会後のパーティー会場と、カムアン県の人民革命党の会合の打ち上げ会場が重なり、数カ月ぶりに偶然カムソーン副局長に会う機会を得る。私は要望書の提出に対するお礼も兼ねて、民族ダンスに誘った。ラオスの民族ダンスは男女がペアになり、大きな輪をつくって踊る。通常は男性が女性を誘うが、外国人は例外で、女性が誘っても違和感はない。ダンスは顔を覚えてもらうよい機会なので、私は

「ランボン」と呼ばれるラオスの民族ダンス。男女がペアになって輪をつくり、手を動かしながら回る

さまざまなパーティーで積極的に自分から誘っていた。

踊り終えて席に戻ろうとしたところ、突然カムソーン副局長が私に言った。

「ブンファナータイ村の駐留地建設の話は白紙に戻ったよ」

カムソーン副局長の話によると、予定地は地下に岩盤が多く、水源からも遠いため、駐留地の建設には適さないという判断になったそうだ。「適さない」というだけで、最終調査報告書まで出ていた計画がなぜ突然変更になったかのかは、わからない。森林率の減少を防ぐために大規模な伐採を思いとどまったとか、ナムトゥンⅡダムの送電線が通過するために建設を諦めたとか、さまざまな憶測が飛び交ったものの、正確な理由はいまだに不明である。

諦めかけていた矢先に朗報を受け、喜びよりも驚きのほうが大きかった。だが、ブンファナータイ村の森が守られたという事実は、村人にとって何よりも大きな意味をもっている。

マクロレベルの問題を解決するアドボカシー

四二ページで紹介した『自分たちの未来は自分たちで決めたい』でも述べられているが、村にはミクロレベルの問題とマクロレベルの問題がある。

前者は村の意思決定の範囲内での解決が可能で、第4章で紹介した米不足の問題などが該当する。これについては、ＪＶＣは村人と協力し、幼苗一本植えや米銀行などに取り組み、一定の成果をあげてきた。後者は村の意思決定の範囲を超える問題であり、軍の駐留地建設はその典型である。意思決定権は国防省にあった。

多くのＮＧＯはミクロレベルの問題に焦点を当てて活動し、マクロレベルの問題に視点を向けるＮＧＯは意外に少ない。ところが、実際に村に入って活動していると、マクロレベルの問題のほうが村人の生活を長期的かつ大きく変える可能性をはらむ場合が多い。

ラオスの行政は、人びとに近いところから順に、集落→村→区→郡→県→国で構成されている。マクロレベルの問題は、村での解決はむずかしい。そして、意思決定権をもつ行政単位が大きくなればなるほど、問題に直面している村人にとっては直接アクセスできにくくなる。それは、解決に時間がかかることを意味する。

当事者(村人)だけでは意思決定者へのアクセスがむずかしい場合、直接アクセス可能な他者との協力が問題の解決の事実上の鍵となる。この他者とは、ときにはNGOであり、ときには郡や県の行政だ。ブンファナータイ村のケースでは、村で活動していたJVCが村人の意思を引き継ぐ形でカウンターパートナーであるカムアン県農林局と話し合い、カムアン県農林局は行政同士の横のつながりを利用して、意思決定者である国防省に情報を伝える役割を担った。

この一連の活動をアドボカシーと呼ぶ。直訳すれば「政策提言」だが、今回の場合は、より幅の広い「行政への働きかけ」という概念で捉えたほうが適切かもしれない。

意思決定者へのアクセスが重要

ブンファナータイ村のケースは、当事者を取り巻くステークホルダー(利害関係者)自身が可能な範囲で問題解決に向けてアクションを起こし、最終的に最短時間で問題を解決で

表3　各利害関係者が起こした行動

利害関係者	起こした行動
農林局内のJVC 担当者	対象村に起こる問題を察知し、情報を JVC に伝える。
村人	「保護林を伐採されたくない」という想いを JVC のスタッフや農林局の JVC 担当者に表明。
JVC	詳細な情報を村人に提供。 保護林が村人の生活にどう寄与しているかの実態を収集。 農林局幹部への情報提供、村人の想いの代弁。 農林局から国防省へ見直しを依頼するように提言。
農林局幹部	JVC と会議をもち、話を聞く。 国防省へ見直しを依頼する要望書を送る。

きたという意味で、アドボカシーの成功例と言えるだろう。

表3に、各利害関係者が起こした行動を整理した。もちろん、マクロレベルの問題は複雑である。今回のケースもさまざまな要因が背景に存在し、結果的に着工に至らなかったのだろう。とはいえ、各ステークホルダーが可能な範囲で起こした最大限の行動が、解決に役立ったのは間違いない。そうした行動を取るように働きかけていくことが、マクロレベルの問題に直面したときにＮＧＯが取るべき最良のスタンスであると思われる。

村人も、ＮＧＯも、郡も、県も、単独で行動するのはむずかしい。また、意思決定者をはずしては問題は解決できない。そして、意思決定者の権力が強ければ強いほど、その意思決定者に影響を及ぼすことが可能な、言い変えれば意思決定者に直接アクセスできる組織ないし人物との協力が不可欠となる。今回のケースでは、国防省にアクセスできるのは農林局幹部だけであった。アドボカシーを行ううえでもっとも重要なのは、意思決定者にアクセス可能な権力者をいかに巻き込むかである。

アドボカシー活動に力を注ぐ

農業・農村開発チームは、「田植えのときに子どもが病気になると、薬を買うか米を買うかの選択に迫られる」という貧しい母親たちの声をきっかけに、村の米不足の問題、すなわちミクロレベルの問題に力を注いできた。しかし、村の外側からもたらされるマクロレベルの問題のほうが大きな脅威となる場合が多いし、それらはＪＶＣのような外部者なしでは解決に向かわない。私たちはマクロレベルの問題に積極的にかかわっていくべきではないのかという想いが、日に日に強くなっていった。

郡や県に対してアドボカシー活動を行うとき、私が大切にしてきたことが三つある。

第一は、カウンターパートである農林関係以外の人たちともできるだけ顔見知りになり、人間関係をつくることだ。幸い、小さなカムアン県ではそれが可能だった。日本人は当時わずか五名なので、顔が知れ渡るのに長い時間はかからない。それを利用して、機会があれば、自分とまったく関係のない会合や宴会にも顔を出した。

第二は、ラオス語を磨くことだ。多くの外国人が英語を話すなかで、現地語を話せれば、それだけで注目される。できるかぎり流暢に話せるように努力するとともに、生粋のラオス人しか知らない言葉を意識して学び、さまざまな場で使って、自分の名前を相手に覚えてもらうようにした。

第三は、問題が起きている現場をなるべく多くの行政職員といっしょに見る機会をつくり出すことだ。ときには石灰岩の採掘現場に出かけ、ときには汚れた川の水を味見し、村人の声を聞いた。農業・農村開発のプロジェクトで行われる農民交流やワークショップなどを利用すれば、これはそれほどむずかしくない。こうした通常の活動を通じて、いまどんな問題が起きているか、その原因は何かについて、国を動かす側の行政職員が考える機会を提示した。これは、「活動を通じたアドボカシー」と呼んでいる。

また、JVCラオスのような小さな団体が単独で意思決定者にアクセスするのは、非常にむずかしい。ビエンチャンにいる他のNGOと協力するほうが効果的だ(3)。二〇〇三〜〇六年は、森林プロジェクト担当者がビエンチャン事務所に駐在し、アドボカシー活動とカムアン県のプロジェクトの双方を担っていた。ただし、私はビエンチャンから遠く離れていたので、日常的に多くの国際NGOと情報交換したり、各省庁へアクセスできたわけではない。しかも、当時はインターネットはまだダイヤル回線で、しばしば途切れ、ビエンチャンのできごとや国際情報の掌握は遅れがちであった。

地方に拠点があるからできるアドボカシー

とはいえ、地方を拠点に活動しているからといって、不利な面ばかりではない。

ＪＶＣラオスがアドボカシーの対象としている問題の大半は、土地の収用、それに伴う環境の変化や汚染に関連する。ラオスにおいては、こうした外部要因によって引き起こされる問題の決定権が、政府ではなく郡や県にある場合も多い。たとえば土地法では、企業による土地のコンセッション（開発目的で国や県と企業の間で結ばれる土地の長期貸与など、民間事業者に与えられる権利）は、収用する土地の規模によっては中央省庁を通さずに、郡や県の裁量で認められる。

したがって、法律の改正や政府の政策決定に直接かかわる、いわば「大きな」アドボカシーはむずかしくても、日々の活動をとおした地方行政との密接な関係づくりは十分に可能だ。郡や県が意思決定者となる問題については、むしろ直接アクセスできるという大きなメリットがある。この点は、地方分権が進んでいる社会主義ラオスの面白さといえるだろう。

政府を対象に行うアドボカシーは、法律や制度の改正をめざすという意味で、これから起こる問題を防ぐ予防的な要素が強い。一方、郡や県レベルのアドボカシーは、村人がいま直面している問題を解決するために行われる。私たちは、地方を拠点に活動しているという「デメリット」を逆手に取り、工場建設や企業との契約栽培などに伴う五〇～一〇〇haの小規模な土地収用のように、郡や県が意思決定者となる問題に焦点をあてて、解決の道を探っていった。

（1）荒廃林は、建築材とする木はないが、竹の子やキノコなどを村人が採取している森で、土地収用が可能である。精霊林は、埋葬林とも呼ばれる死者を葬る森で、精霊が住むと信じられている。保全林は、水源の周囲の森である。
（2）蓮の花が咲いている池の水を濁さずに蓮の実を採るように、双方にとってマイナスにならない方法を選ぶことを意味する。
（3）二〇〇九年二月時点で、九つの日本のＮＧＯと六三の国際ＮＧＯがラオスで活動していた。

第7章

開発が貧困をもたらす⁉

D村の裏を流れるヒンブン川。かつては村人の暮らしを支えていたが、いまでは魚が激減した

■幼苗一本植えのリーダー的存在の村

D村は私にとって、もっとも印象深い村の一つだ。村長から受けた電話が、D村にかかわるきっかけとなる。

「隣の村で新しい稲作技術を指導していると聞いた。うちの村でもぜひ取り組んでみたい。教えてもらえないかい?」

JVCラオスではヒンブン郡で雨季作の幼苗一本植えを二〇〇六年から実施しており、D村の隣のN村が対象地だった。N村の幼苗一本植えの成功を目にしたD村の村人は、資材を投入せずに確実に収量を上げられるこの技術に強い関心を示したのである。そこで私たちは同年一二月の乾季作からD村でも活動を開始する。

D村のKさんは無口だが、熱心な農民だった。フンパンから受ける技術指導に独自の工夫を加え、在来種と改良種の生育比較、幼苗の二本植えや三本植えなどの試験栽培を実施。収量は平均で一〇a三〇〇kgと、それまでの一・五倍に達する。やがてKさんが中心となって村人に技術を教え、村中に広がっていく。

こうしてD村はJVCの正式な対象村でないにもかかわらず、幼苗一本植えのリーダー的存在となる。とくに、灌漑施設を利用する乾季作では、ほとんどの村人が幼苗を使用して収量増に成功し、幼苗一本植えに関してはD村抜きに語れなかった。

灌漑利用の乾季作と天水頼りの雨季作を比較するワークショップ

二〇〇七年の暮れ、セバンファイ川沿いに位置するマサハイ郡の六村に新たな灌漑施設を整備するという話が持ち上がる。すでに述べたように、この川の本流であるナムトゥン川の上流にはラオス最大規模のナムトゥンⅡダムが建設中で、その悪影響が懸念されていた。ダムが完成し、放水を開始すると、D村を流れるセバンファイ川の水嵩が二ｍも増すという。もともと洪水が多く、村人の不安は大きかったが、「川の水量が増えれば、乾季の水田に利用できる」とダムを建設する電力会社は説明していた。灌漑施設の整備は、ダム建設に伴う補償プログラムの一つとして政府が検討していたのである。

六村に対して乾季作の研修が政府によって開かれ、ＪＶＣの対象五村も参加した。一方で私たちは、作付け前に灌漑施設を利用した乾季作の長所と短所を具体的に示して、村人に取り組むかどうかの判断材料を提供しようと考え、ワークショップを計画する。

当時、ＪＶＣが対象としていた三四村のなかで、灌漑施設がある村は四つにすぎない。そのなかから、Ｋさんはじめ比較的活発な村人が多いD村をワークショップの開催地に選んだ。参加したのは、灌漑施設利用の乾季作を行なっているD村を含む二村と、これから

表4　乾季作と雨季作の収支比較

収　支	乾　季　作		雨　季　作
	幼苗一本植え	通常の植え方	
収量	537kg	480kg	150kg
価格	2,000 キップ	2,000 キップ	2,500 キップ
収入	1,074,000 キップ	960,000 キップ	375,000 キップ
電気	38,800 キップ	38,800 キップ	0
ガソリン	67,200 キップ	67,200 キップ	0
積立金	30,000 キップ	30,000 キップ	0
灌漑利用料	7,200 キップ	7,200 キップ	0
牛糞	8,000 キップ	0	0
化学肥料	0	285,500 キップ	0
支出計	151,200 キップ	428,700 キップ	0
純収入	922,800 キップ	531,300 キップ	375,000 キップ

(注)10 a あたりの金額で、1ドル≒9500 キップ≒100 円。
(出典)ワークショップ資料より作成。

行うかどうかを決めるG村など六村。あわせて、カムアン県農林局灌漑課から二名の職員を招いた。

ワークショップでは村ごとにグループをつくり、まず雨季作と乾季作の長所と短所を書き出していく。その発表に続いて、それぞれの売り上げ(六村は雨季作、二村は乾季作)と支出(乾季作)を書き出し、再び発表する(表4参照)。

雨季作の米の価格が乾季作より五〇〇キップ高いのは、香りがよいからだ。乾季作の積立金は灌漑施設を維持するための村の共同基金で、灌漑使用料は事務経費である。雨季作の支出欄がないのは、天水頼りだし、水田を起こすのは水牛だから、水を汲み上げるための電気代もトラクターのガソリン代もかからないからだ(厳密には水牛の餌代があるが、省略した)。灌漑利用の通常の植え方の乾季作と天水頼りの雨季作を比較すると、収量は前者が三・二倍だが、最終的な純収入をみると一・四倍に差が縮小している。

村人が漠然と感じていることを具体的に数字に書き出すと、乾季作と雨季作の長所と短所が視覚的に比較できる。乾季作に関しては、幼苗一本植えと通常の植え方の比較も目的とした。両者の収支を数字で確かめる機会はなかなかないからである。その結果、化学肥料を使わず、収量が一割くらい多い幼苗一本植えの有利性が明らかになる。

また、収支決算をみると、灌漑利用の乾季作が必ずしも効率的とはいえなかった。たしかに**表4**では、純収入は雨季作よりかなり多い。しかし、化学肥料の投入量を毎年増やしていかなければ、収量は維持できず、支出は増えていく。一〇aあたり五〇万キップ程度の純収入があれば、村人は灌漑利用の乾季作を継続している。一方、ある村では、純収入が二〇万キップ程度になると乾季作を止める世帯が多かった。

セーフティーネットの役割を果たさない乾季作

収入については米の売り上げを考えていたが、面白いことに六村の収入欄には、魚、カニ、カエル、水草など水田やその周辺から取れるあらゆる食材も書き込まれていた。乾季作を実施していない六村は化学肥料を一度も使用したことがなく、自然の恵みが村人の食生活を支えている。それを村人は収入として意識しているから、記入したわけだ。

六村の村人が書いた収入欄をKさんはじっと眺め、昔を懐かしむように語り始めた。

「化学肥料を入れていないあなたたちの田んぼには、魚やカニが生きている。昔はおれたちの田んぼにもドジョウやウナギやナマズがたくさんいたし、川にも魚があふれていた。米は雨季作しかできなかったけれど、魚はけっこういい値段で売れたよ。魚以外にも、いろいろ採れた。乾季作を始めるようになったのは、川の魚がだんだん獲れなくなり、雨季作も洪水に襲われることが多くなったからだ。そのころは幼苗一本植えは知らなかったよ。乾季作には化学肥料を入れなければならないとわかっていたけれど、食べるためにはそうするしかなかった。たしかに収量は増えたけどな」

D村は洪水地帯ではあったが、かつては村の裏を流れるヒンブン川の恵みで十分に生活できていた。ヒンブン川は、雨季作を支えるセーフティーネットの役割を果たしていたのだ。ところが、あるときから魚が獲れなくなる。上流にナムトゥンヒンブンダムができ、川の流れや水質が変化したからだ。その結果、村人は政府が支援する灌漑施設を使用した乾季作に頼らざるをえなくなる。しかも、化学肥料の影響によって、水田からナマズやカニが姿を消した。

こうしてD村では、ヒンブン川の恵みから乾季作へとセーフティーネットを移す。しかし、最近は灌漑水路の土崩れがひどいうえに、電気代が高くなって、乾季作の作付けができない世帯もあるという。このまま水路の補修をしなければ、数年後には半分の世帯にしか水が行き渡らなくなる。しかも、電気代と増え続ける化学肥料の購入代で、赤字に転落する可能性もあるだろう。環境の変化に適応しようと努力してきたKさんはじめ村人の苦悩は深い。

水田も森も奪われる

ヒンブン郡K村は、国道一三号線から三kmほど入った場所に位置している。雨季には村へ続く道は完全に水没し、小さな船で一時間半かかる。農地も冠水するため水田はない。しかし、国道に近い割には深い森が残り、ラタンの栽培や森林ボランティアの育成など、JVCの森林プロジェクトでは中心的な村だ。

K村の保護林と利用林が日本の製紙会社に奪われようとしているという話を聞いたのは、ちょうどJVCの谷山博史代表理事が現地視察でラオスを訪れた二〇〇七年の一月である。いっしょに視察を終え、村長の家で食事をした際の区長の話は、食べることの好きな私が思わず食事の手を止めてしまうような内容だった。

村に最初に製紙会社が訪れたのは、二〇〇六年の終わりだったという。製紙会社はすでに、隣村の森をユーカリ植林地(木を伐採してから植える)として数ha確保し、さらに植林地を広げようと隣接するK村の保護林と利用林に目をつける。村長と区長は、製紙会社の職員からの申し出を即座に断った。保護林と利用林への植林は法律で認められていないし、村人が生活を支えるために欠かせない森だからである。

しかし、製紙会社はあきらめない。郡の農林局の職員を同伴して、再び村を訪れた。植林地を提供する代償として、寺の改築や学校建設の資金などを負担するという。村長と区長はそれも断わったが、その後もやはり職員を伴って二度訪れ、次回も来ると述べて帰ったそうだ。区長はこう語る。

「昔はこの村も雨季に米を作っていた。洪水は激しかったけれど、五日か六日で水が引いたし、近くを流れるパカン川からは魚が豊富に獲れたんだ。ところが、上流にナムトゥンヒンブンダムができてからは一〇日経っても水は引かない。苗はすべて枯れ、魚もほとんど獲れなくなった」

それでも、村人は「もしかしたら収穫できるかもしれない」と考えて八年間も米を作り続けたが、一粒も穫れない。ついに二〇〇六年に完全にあきらめた。重労働である米作りを続け、毎年裏切られた村人は、どんな気持ちだっただろうか。

「水田もダメ、川もダメ。このうえ森までダメになったら、いったいどうやって生活していけというんだ」

その問いかけは、私の胸に大きくのしかかった。K村では雨季作をあきらめた二〇〇六年から、片道二時間もかかる山での焼畑が急速に広がっている。できないとわかっていながら八年間も試み続け、さらに遠い山でも米を作ろうとする。変化に何とかついていこうとする村人の姿は、痛々しくもある。

■モグラ叩きに意味があるのか?

私はすぐにその製紙会社と連絡を取り、ビエンチャンの代表に面会して村人の状況を伝え、迅速な対応を求めた。すると意外にも、会社側の動きは目を見張るほど早かった。すぐに全体会議を開いて、K村への執拗な訪問を中止する指令を出したのだ。

「製紙会社も農林局の職員も、もう村に来ない。しつこい訪問に悩まされなくなり、ほっとしたよ」

村長のそんな安堵の言葉を聞いた数週間後、K村の隣のT村の森が収用されたのを、私たちは知らされた。

地方を拠点とするデメリットを逆手に取り、県や郡レベルで解決可能な問題に取り組んでいると、成果もあがる一方で、フラストレーションも多い。ある地域で起きた問題は解決できても、法律や政策を変えられるわけではないからだ。同様な問題が他の地域で再発する可能性は少なくない。

これはその典型的なケースである。K村では解決したが、問題はT村に移っただけで、それは解決できず、村人は森を奪われた。次々に生まれる問題に取り組むのは、まるでモグラ叩きの連続であり、疲れを感じずにはいられない。

K村の問題については、JVC東京事務所と私との間で意見の相違と小さな衝突もあった。製紙会社との交渉が、「NGOとの正式な話し合いをもった」という対外的なアピールとして逆に利用されるのではないかと、東京事務所は懸念したのである。私は一時、「面会が製紙会社にとってどれだけのメリットになるかに対する配慮が足りない。接触を断つように」と強く指示された（最終的には東京事務所も本社と交渉して、成果をあげた）。

この製紙会社が「NGOと定期的に会合をもち、村人の生活に影響が起きないように配慮しながら事業を進めている」とアピールしていたのは、事実である。私との話し合いがその材料にされていることを意識していなかったわけではない。

しかし、村人とじかに接している現場の立場で考えれば、たとえ会社側に有利な材料を与えるとしても、解決の可能性を探るほうが優先順位として明らかに高い。もちろん、問題を解決できたとしても、それはモグラ叩きにすぎないことは理解していた。それでも、たとえ一匹のモグラであっても、叩かずに見逃すという選択は、私にはできなかった。

■急激な変化と外部からもたらされる貧困

D村とK村のケースには二つの共通点がある。

一つは、村人が外部からもたらされる問題に影響されつつ、変化に必死で対応しようとしていることである。セーフティーネットを変更したり守ったりしながら、生活の安定を懸命に保とうとしている。それは、ラオス人が怠惰であるという一般的なイメージとは大きく異なっていた。

もう一つは、問題は一九九〇年代後半から二〇〇〇年代なかばにかけて起きており、この時代のラオス中部の変化が著しいことである。カムアン県では赤土だった国道一二号線が〇八年九月ごろには完全舗装され、片道三時間半かかっていた県北のナカイ高原(1)まで二時間に短縮された。サワナケート県ではタイのムックダーハンと県都サワナケートを結ぶ第二友好橋が〇六年一二月に完成し、ベトナム、タイ、ラオスをつなぐ東西回廊(国道九号線)も完成した。橋や道路の新設は、点在していた村と村を結び、国境を越えた移動を可能にしたという意味で、意義は大きい。

これまで変化のマイナス面を指摘してきたが、もちろん村人は現在の暮らしが一番よいとばかり思っているわけではない。ダムや工場の建設に代表される急激な経済開発のもとで、自ら変化を求める村人も多い。とくに、メコン川を挟んでタイと隣接しているカムアン県やサワナケート県ではタイのテレビが見られるため、村人の目に飛び込んでくる隣国の暮らしは大きな刺激を与えている。食べるための出稼ぎではなく、新たな現金収入を求めて県外に出る村人も少なくない。それは、ある意味で自然な姿だろう。

しかしながら、私たちが直面してきた村の変化は、こうした「村人が自ら望んだ変化」ではない。村人自身の決断によるのではなく、ある日突然、前触れもなく起こり、生活のよりどころとしているセーフティーネットが奪われる。その影響は非常に大きく、いったん奪われたセーフティーネットを修復したり代替したりするには長い時間がかかる。

しかも、村人の話を聞くかぎり、暮らしは決して改善されていない。むしろ、近年の変化によって、彼らの生活はより貧しくなっていると思われる。現在の貧困は過去から連綿と続く慢性的な貧しさではなく、近年になって起きているのではないだろうか。

私にはどうしても忘れられない言葉がある。昼食後の雑談の席で一人の村人が、こうつぶやいた。

「外から人が入ってくるようになって、自分たちは貧しいことを初めて知った」

この言葉を聞いたとき、村人も行政職員も私たちNGOスタッフも頻繁に使う貧困という概念が何を意味しているのか、わからなくなった。ラオスを離れた現在も、この言葉を私は何度も問い直している。

ラオスに駐在していた三年八カ月間、私が考え続けていたテーマは、「貧困とは何か」「何が開発なのか」に尽きる。村人は物質的に豊かな暮らしをしているとは決して言えないが、飢餓も戦争もなく、自然資源に恵まれている。言い換えれば、物質的な豊かさ以外はすべて満たされているのではないか。そうした地域において、貧困とは何で、開発とはどんな意味をもつのだろうか。

開発は貧困を削減するか?

実は、近年になって起きた貧困をつくり出している変化の多くは、「貧困削減」という名目で行われてきた開発事業に起因する。

D村とK村のケースにしても、ダムや道路の建設にしても、ラオス政府の貧困削減政策に呼応する形で実施されてきた。また、企業の社会的責任（CSR）が叫ばれ出したことも相まって、村への社会貢献プログラムを併せ持ち、村人を雇用して生計の向上に寄与すると謳う、タイや中国など海外からの企業投資もある。日本企業の進出も増えた。こうした巨大開発事業や企業による投資事業の効果や意義をすべて否定するつもりはないが、本当に村人の貧困の削減に役立っているのだろうか。

巨大開発事業や投資事業から村人が得られるプラス面は限定的である。効果を得る人が特定されていたり、期間が建設工事中や苗を植える時期など限定されているからだ。一方で、森林や農地の喪失、川の汚染や流れの変更による漁獲量の減少など事業のツケは、すべての村人に長期間にわたって影響する。しかも、森林や川からの採取によって生計を成り立たせている村人には貧困層が多い。事業のしわ寄せを最初に受けるのは、支援をもっとも必要とする層である。

D村でもK村でも、村人は開発が生み出した新しい生活環境に順応する困難を訴えていた。貧困削減を名目にした開発が、逆に村人の生活に困難をもたらしたのである。これがラオスにおける開発事業の最大の問題点であり、むしろ開発が貧困を生んでいるのではないだろうか。

幼苗一本植えや米銀行が一定の成果をあげたこともあり、プロジェクトの終盤に入るとアドボカシー活動にかける時間がしだいに増えていく。同時に、私はいつの間にか、「貧困削減という名目で行われる国際金融機関（世界銀行やアジア開発銀行）や企業の投資が支援する巨大な開発事業＝悪」というステレオタイプな見方をするようになっていた。

諸外国がもたらすものと持ち出すもの

アドボカシーの対象が県や郡レベルであるとはいえ、ラオス政府が許可した事業の問題点を指摘するのは、社会主義体制においては微妙な問題である。それにラオス人スタッフがかかわるのは危険が伴うので、できるだけ外国人スタッフが行い、ブンシンやフンパンの意見は積極的に聞いてこなかった。彼らも伐採された森や汚染された川を何度もいっしょに見に行き、村人の声に真剣に耳を傾けてきたが、常にポーカーフェイスを装い、自分の感情を表そうとはしない。

カムアン県のプロジェクトが終了が近づいた二〇〇七年一一月一四日、スタッフ全員でミーティングを開いた。JVCでは、具体的なプロジェクトの計画書とは別に、それぞれの国で取り組む意義や課題、中・長期的な目標を記した国別戦略の作成が求められる。新しいプロジェクトを発足させるにあたり、これから取り組むべき課題やその意義を明確にして、全員で共有する作業は不可欠だ。ミーティングでは、まず五名のラオス人スタッフに、「現在のラオスがかかえる問題」を列挙してもらった。以下がその指摘である。

①　ラオスは諸外国に侵略された歴史がある。その過去の負の遺産(たとえば不発弾や民族同士の対立など)(2)をいまもかかえている。

② 海がなく、経済発展できる機会が少ない。しかも、ラオスと比較して経済や科学技術が発達している周囲のタイ、ベトナム、中国に、投資という名目で土地、鉱物、木材などの自然資源を不当に奪われている。

③ 食料が十分とはいえない。飢餓はないが、全国民が十分な食料や衛生的な水を確保できているとは言いがたい。

④ 外部・内部の開発によって、村人が翻弄されがちである。

⑤ 村人は伝統的な文化や知識に自信がもてず、自らがもつ価値を見失う場合がある。土地に合う在来種や村人が独自に行なっていた森林管理の方法などが、十分な吟味のないままに、外部から入ってきた改良種やシステムに取って代わられている。

いつもはおとなしいスタッフから次々に意見が出され、正直に言って驚いた。なかでも、五名のうち三名が指摘したのが②である。ラオスが置かれている不利な立場、構造的な矛盾に対して、ラオス人として強い問題意識をもっているようだ。

私のほうから意見を聞かなければふだんはあまり口を開かないスタッフが言った。

「ラオスは本来、豊かな国だ。石灰岩、金、高級木材などの自然資源を見ても、それははっきりわかる。だが、海がなく、豊かな資源を有効活用していく手段をまだ持ち合わせていない。一方で、周囲のタイ、ベトナム、中国という大国に加えて、さまざまな諸外国が、開発を目的に流入してきている。彼らがラオスにもたらすものも、もちろんあるだろう。しかし、それらと、彼らがラオスから持ち出すものとでは、どちらが多いのだろうか」

■外部者としてのNGO

この問いかけは、政府や企業による開発事業のツケを払い続けている村人の心情をよく表している。同時に、私は彼の発言に思わず我に返った。彼は「諸外国」という言葉を使ったが、そこでは、投資活動に乗り出す外国企業と、JVCのように村人を支援するために活動するNGOを、区別していなかったからだ。

私は、「貧困削減という名目で行われる国際金融機関や企業の投資が支援する巨大な開発事業」と書いた(一四六ページ)。けれども、よく考えてみれば、JVCのようなNGOも、貧困をなくすために「ラオスに流入してきている」という意味では、企業や国際金融機関と何ら変わりはない。

このような発言をスタッフがする心当たりは、たしかにあった。ミーティングをした二〇〇七年一一月は、新しい活動地を求めてラオス中部から南部の調査を開始していた時期である。調査に入ったのは全部で三県九村。新しいプロジェクト地として選ばれるのは、このうちの一県である。また、県政府や郡農林局の意向を考慮して対象村は選定される。

調査で訪れた県や村のすべてがプロジェクトの対象地となるわけではない。

調査で何度も足を運んだにもかかわらず、活動しなかった村は過去にも少なくない。それらも含めて、ＮＧＯが村人の時間と村内の情報を村から奪い、何の支援もしなければ、先のスタッフの指摘があてはまるのではないだろうか。

国際金融機関が支援する巨大な開発事業や企業の投資は悪であると考え、それに立ち向かおうとアドボカシー活動に精力を傾けるうちに、自分たちの足下の活動を精査する厳しい目が失われていた。私たちＮＧＯも、外部者という意味では国際金融機関や企業と変わらない。ややもすると、それらの事業と同様に、現地の人たちにもたらすものより、現地から持ち出すもののほうが多くなる危険性がある。

ポーカーフェイスのラオス人スタッフは、私よりはるかに、村人がかかえる問題、ラオスがかかえる問題、そしてＮＧＯがかかえる問題に敏感だった。その発言の根底にあるのは、自国を愛するがゆえの自国への憂慮である。

(1) ラオス中部に位置し、タイやベトナムから遠くない。自然環境に恵まれている。

(2) ベトナム戦争当時、アメリカがラオス愛国戦線(パテトラオ、その後身が現在のラオス人民革命党)と闘ったとき、モン族を尖兵として利用した。そのしこりがいまも残っている。

＊ラオスは社会主義国家であり、人びとが公に権利を主張することはむずかしい。したがって、森や土地に関する人びとの権利を争点とした本章では、村名と人名をイニシャル表記にした。

第8章

選択の危うさ

ヒンブン郡の植林地。もともとの森林が
伐採されて、ユーカリだけが植えられている

ミーティングでのラオス人スタッフの問いかけは、私に外部者としてのＮＧＯについて再認識させた。ラオス人スタッフにとって、日本の団体であるＪＶＣラオスは紛れもない外部者にほかならない。

では、ＮＧＯが行う支援と企業や国が行う開発事業は、どこが異なるのであろうか。ＮＧＯはどのような点において独自性を発揮し、自らを差別化していけばよいのだろうか。ラオス人スタッフの問いかけをきっかけに、私はこの問題を考えていく。

■プロジェクトの終了

二〇〇八年九月一五日、一五年間も続いたカムアン県のプロジェクトは幕を下ろす。カムアン県農林局は幼苗一本植えの成果を認め、この年の乾季作から農林局による独自の技術普及が開始されていた。

ＪＶＣラオスはカムアン県に隣接するサワナケート県に事務所を移し、新たなプロジェクトに取り掛かる。私と数名のラオス人スタッフも、サワナケート県に移動した。三年半近く過ごしたカムアン県は、私にとって第二の故郷のような存在だ。そこを離れるのは心の支えを失うようで辛かったが、新しい行政職員との関係構築や新事務所の開設など山積みした仕事が寂しさをまぎらわせてくれる。

新事務所への引っ越しは一二月に一段落し、新たなスタッフが決まり、私の後任の平野将人も到着した。私の任期は二〇〇九年一月までなので、そろそろカムアン県のフォローアップを行わなければならない。離任前に平野といっしょにカムアン県を訪れ、現場を見ながら活動の経緯や状況を説明して、引き継ぎする必要もある。また、一二月は雨季作の収穫がすべて終わっているので、〇九年の収量調査も行いたい。

衝撃的な出来事

フンパンと新しくサワナケート県で雇ったブンソンという女性スタッフも伴い、一週間弱の予定でカムアン県を訪れた。時間が限られているため、訪ねたのは幼苗一本植えや米銀行の活動の中心だったマハサイ郡とヒンブン郡だ。ともに収量は平年並みで、一〇aあたり三〇〇kg程度だった。

一方、同じヒンブン郡でもD村はこの年も洪水の被害を受け、収量に影響が出たという。村を訪ねるために国道一三号線を左に折れた。ところが、赤土の道をしばらく行くと、道路建設用の機械やトラックが置かれており、通行できない。仕方なく車をバックさせ、まわり道をして村にたどり着く。

ＪＶＣがカムアン県を去ってからまだ三カ月しか経っていないが、Ｄ村を訪れるのは約八カ月ぶりだ。最後に訪れたのは、二〇〇八年四月に実施した最終評価のときである。D村は幼苗一本植えの評価対象村で、幼苗一本植えの長所と欠点についてグループディスカッションを実施した。

私たちはいつものように、幼苗一本植えのリーダーKさんに温かく迎えられる。

「今年の雨季はとりわけ雨が多く、思うような結果が得られなかったが、幼苗一本植えは村の全世帯が認知するまでになっている。乾季米ではほとんどの世帯が一五日以下の苗を使用したよ。多くの村人は、幼苗を使用すれば収量が上がることを理解しているからね」

私たちを見つけた数名の村人とリーダーたちが集まってきた。幼苗一本植えの成果を聞いた後、いつものようにたわいもない雑談をする。通行止めになっていた道のことを私は何気なく村長に聞いた。

「そう言えば、来る途中に道が通行止めになっていて、いろいろな機械やトラックが置いてあったけれど、あれは何をやっているの?」

村長は笑顔で答えた。

「長年の村の夢が叶ったんだよ。JVCも知ってのとおり、この村へ続く道は赤土だし、毎年の雨季には水びたしになる。乾季でも、バイクが通るのに一苦労するところだってあるくらいだ。今回、ようやく改修されることになったんだよ」

道路の改修には多大な資金を必要とする。いったいどう工面したのだろうか。一抹の不安が胸によぎった私は直接尋ねる勇気がなく、フンパンに聞いてもらった。

「費用は製紙会社が出してくれたんだ。それと引き換えに、村の土地の提供を約束した。もちろん、耕作していない荒地だから問題はない」

私たちに遠慮してか村長は、D村にとって利用価値がない土地を提供したと繰り返し主張した。だが、私が記憶しているかぎり、合法的に企業に提供できる共有地(荒廃林)はD村にない。私は内心その土地を見に行き、村長の言葉を確認したかったが、それは彼を信頼していない行為になる。断念して、村を後にした。

D村は村人たちが活発で、連帯感がずば抜けて強い。だから、隣村で見た幼苗一本植えに取り組みたいと村長が電話してきたし、リーダーのKさんが生まれた。そのD村が道路の改修資金と引き換えに製紙会社に土地を提供したという事実が私に大きな衝撃を与えたのは、いうまでもない。

支援団体のポリシーか村人の優先事項か

後日、フンパンが村長に経緯を聞き出し、私に伝えた。

「村長は、本当はＪＶＣに道路の改修をしてほしかったと言っていた。バイクやトラクターなど国道への移動手段をもつようになった村人にとって、道路の改修は優先順位が高く、たとえ土地を切り売りしてでも実現したかったんだ」

「道路改修の必要性は私も理解しているわ。でも、なぜ村人はＪＶＣに相談さえしなかったの？」

「だって、ＪＶＣはインフラの支援はしないじゃないか。最終評価の際、Ｄ村の村人が正式に灌漑水路整備の支援を要請してきたときも、いい返事はしなかった。あの場には東京事務所からも人が来ていたから、村人は想いを伝えれば聞き入れてもらえるんじゃないかと期待していた。その経験があったから、村人は今回の道路改修ではＪＶＣに相談しなかったんだ」

フンパンの発言は事実だ。最終評価の場には、東京から来た事務局次長とラオス事業担当者も同席していた。それを考慮して、村人は申し入れの場として戦略的に選んだのだろう。最終的に、「なるべく物質的な支援は行わない。物の支援によって村人と関係をつくっていく方法は避ける」というＪＶＣのポリシーから、「灌漑水路の整備に対する支援はできない」と答えたのは、ほかならぬ私である。

ＪＶＣに相談しづらい以上、村人が道路改修の目的を達成する残された選択肢は、製紙会社への土地提供以外になかった。

私の判断は間違っていたのだろうか。資材の投入はできるかぎり避けるというＪＶＣのポリシーに加えて、他の村への支援とのバランスやプロジェクトの残り時間の観点から、私はごく妥当な判断をしたつもりだった。東京本部に相談しても、おそらく同じ結論だったであろう。

しかし、いま考えてみると、この判断基準はプロジェクトを運営するＪＶＣの立場で組み立てられている。村側の立場で考えた場合、私たちの判断が妥当とは言えない。たとえば、一五年間というプロジェクト期間や五年間という第三段階の期間は、あくまでも私たちの都合で決められている。村人の暮らしがその期間で終わるわけでは決してない。

ＪＶＣの立場で考えれば、プロジェクトの終了間際に新たな大きな支援は行いたくない。だが、終了間際になって村人の本当にやりたいことがはっきりしたり、期間内には成果が見えないとしても支援する意義のある活動も存在するはずだ。

支援団体のポリシーに合わなかったり、プロジェクトの期間内に終わらなかったりする事業でも、村人が本当にやりたいと望んでいればサポートするという選択肢はあってよい。灌漑水路の整備に関して言えば、予算的な制約から全額の支援はむずかしいかもしれない。けれども、一部資金の支援、村人自身が申請できるラオスにある日本大使館の補助金に応募する手助けを行うなど、複数の方法があったと思う。

支援団体のポリシーを村人の要望の実現より優先させてよいのだろうか。ポリシーは、村人の要望を切り捨てるためにかかげるものではない。

最終評価の場では、こうした考えは私の頭になかった。私にとっては、プロジェクトで設定されている成果を期間内にあげることが優先順位だったのである。たまたまプロジェクトの終了年となっており、年内に活動を終了しなければならないという事情もあったが、それは言い訳にすぎないだろう。このときの判断が製紙会社への土地提供という結果につながったのは、否定できない事実である。

選択肢は限られている

D村の選択を前にして、ＪＶＣが下した判断の当否をここで問おうとしているわけではない。最大の問題は、村人が道路の改修や灌漑水路の整備など大きな事業を実現しようとする場合、彼らが実際に取ることができる選択肢は限られているという事実である。「村人自身が選択し、決定した」と言って終わらせるべきではない。

おそらく製紙会社は「話し合いの結果、村人との利害関係が一致して合意に至った」と表現するだろう。だが、村人に他の有効な選択肢がない条件下での交渉は、実態としては、村人の弱みにつけこんで一定の選択を強要することに、限りなく近いのではないか。より正確に表現すると、村人が選択したのではなく、村人は提示された条件を飲む以外の選択肢を持ち合わせていなかったにすぎない。外部者による「村人の選択」という表現を文字どおりに解釈すると、実態や本質を大きく見誤る。

同様なケースは、村レベルで、県レベルで、ときには国レベルで、頻繁に起こっている。そして、ＪＶＣが幼苗一本植えを熱心に指導してきたＤ村にとって、ＪＶＣは選択肢になることができなかった。これもまた、まぎれもない事実である。

選択のパラドックス

国際開発金融機関が支援する開発事業や企業の投資でも、ＮＧＯの支援でも、決定時に共通して言われる。「村人が選んだ」「ラオス政府が決めた」と。

国際開発金融機関の資金援助や政府による二カ国間援助の基本は、「要請主義」である。途上国から援助の要請を受けて支援を行う仕組みだ。一見すると、援助する側ではなく、援助される側に決定権があり、途上国の自主性を尊重しているかのように映る。はたして、それは事実だろうか。

私がラオスに駐在していた三年八カ月の間、世界銀行などによる大型ダムの建設支援、中国企業によるセメント工場の建設、日本、ベトナム、タイの企業による植林など、さまざまな開発事業が「貧困削減」という名目で行われていた。これらの大型開発事業はすでに述べたように、村人が長年築いてきたセーフティーネットを奪い、マイナスの影響を与える危険性が高い。

その決定プロセスで必ず聞かれるのが、「ラオス政府の選択」である。最終的な決定をラオス政府が行なっているのは事実だろう。しかし、そこにはD村と同じパラドックスが隠されている。

何を選択するかは、簡単ではない。自国にとって本当に有益な選択を行うには、複数の選択肢の存在が不可欠である。他の選択肢との比較なしには、提示された選択肢が最良であるかどうか判断できない。加えて、提示された選択肢についてのメリットとデメリットが知らされなければならない。それらを深く精査し、デメリットを超える多くのメリットを認識して初めて、有益な選択が可能になる。

ところが、多くの開発事業では、複数の選択肢や選択肢の詳細な情報が提示されない。唯一の提示を受け入れる(というより、受け入れざるをえない)のでは、選択とは言えない。

D村のケースでも、製紙会社はおそらく、植林に伴うデメリットの詳細な説明は行わなかったであろう。そもそも、D村にとっては道路の改修という目的を達成するための選択肢は、植林する土地の提供以外になかった。

D村の村人たちの「化学肥料を使わない幼苗一本植えを行い、米の収量を上げたい」という想いは、ＪＶＣラオスの活動や組織のポリシーに一致する。より端的に言うと、ＪＶＣがやりたいことに一致する。だからこそ、対象村からはずれていたにもかかわらず、私たちはD村の支援を即座に決めた。

けれども、道路の改修や灌漑水路の整備のほうが、本当はD村にとって重要だったかもしれない。また、幼苗一本植えを貧困層が導入するのはむずかしいのに対して、道路の改修や灌漑水路の整備は貧困層から富裕層まで公平に利益が行き渡るとも言える。

活動を進めるうえで無意識のうちに、過去の経験や組織のポリシーという支援者側の都合によって、村人が直面する複数の問題から一つを選び取っていた。その事実に、帰国間際になって私は気づかされたのである。

ミーティングでのラオス人スタッフの問いかけもD村のケースも、村人の現状と開発・支援側がかかえる問題点の双方を浮き彫りにしている。それは、外部者であるＪＶＣの支援の本質を問う強烈なメッセージのように思えてならなかった。

第9章

外部者としてのNGOの使命

村人と森の減少の理由について話し合う（ニョマラート郡ナボー村）

■草の根レベルと政策レベルの双方に取り組む

ラオスは、開発に携わる人間に、開発そのものへの疑問を感じさせずにはいられない。それは、「外から人が入ってくるようになって、自分たちは貧しいことを初めて知った」という村人の言葉(一四四ページ)に痛烈に表現されている。そして、貧困という言葉を日常的に口にするのは、「開発される側の人間」ではなく、「開発する側にいる人間」のほうだという事実に気づかされる。

繰り返しになるが、ラオスの村人が今日直面している困難の背景にあるのは、「貧困削減」という名の開発事業だ。ラオス人の目から見れば、そうした開発事業もJVCのようなNGOが行う支援も大差はない。その意味で、NGOも外部者である。しかも、村の支援が最終目的ではない企業は、ときにD村の例に見られるように、財力とフレキシビリティーによって村人の希望をいとも簡単に叶えてしまう。では、NGOは外部者としての自らの立場と使命をどう捉えればよいのだろうか。

JVCラオスはカムアン県で、米不足(ミクロレベルの問題)と土地紛争(マクロレベルの問題)の解決に取り組んできた。共通する目的は、村を変えることである。このように、草の根レベルの活動と政策レベルの活動のいずれにも取り組むのがNGOの特徴であり、使命だろう。企業の場合は政策レベルの活動には関心がないし、国際開発金融機関の場合は草の根レベルの問題解決を目的とはしていない。ＮＧＯだけが、ミクロとマクロの視点で問題を解決しようとする。だからＮＧＯは、そのどちらかではなく、双方に取り組まなければならない。

ＪＶＣがブンファナータイ村で軍の駐屯地建設による保護林の伐採問題にかかわったのは、幼苗一本植えや果樹の苗の配布などのプロジェクトが村人の生活の改善を目的としていたからだ。そうである以上、村人の生活に明らかに困難をもたらす政策の実施に対して声を上げる義務がある。

Ｄ村においては幼苗一本植えがある程度の成功を収め、ＪＶＣの調査でみるかぎり村人の暮らしはよくなったように思えた。しかし、道路改修のためにＤ村が最終的に取り得た唯一の選択肢は、村の大切な共有地の提供にほかならない。

私たちが両者の事例から学ばなければならないのは、ミクロレベルで村人の暮らしを改善できても、それだけでは本質的な変化にはつながらないという現実である。ブンファナータイ村では幸い駐屯地の建設には至らなかったが、村は一般に外部者の侵入にいとも簡単に影響される。それを回避する手段を村人は、たいていもっていない。

反対すること自体がむずかしいし、仮に反対しても結果的に相手の条件を飲む以外の選択肢はほとんどない。選択の結果としてマイナスの影響を受けるのは村人自身である。この構造を変えていかないかぎり、何十年、何百年と草の根レベルで活動を行なっても、事態は変わらない。

■現場を変えるための政策提言

事態を変えるために必要なことは四つある。第一に草の根レベルと政策レベルの情報の橋渡し、第二に政策が人びとにマイナスの影響を与えないかの監視、第三に政策が正しく機能しているかの調査、第四に政策を変えるための問題提起である。それらが、ＮＧＯの重要な役割であり、使命だ。

そして、もう一つ。ＮＧＯは徹底的に「現場を変える」ことにこだわっていくべきだろう。なかでも忘れてはならないのは、政策レベルの活動は村を変えるために行うという点だ。政策提言（アドボカシー）を行う大手ＮＧＯからＪＶＣに転職してきた同僚の言葉が、それを如実に示している。彼女はその大手ＮＧＯがかかえていたジレンマを次のように語った。

「多くの団体の働きかけによって、国の政策や法律は変えられた。けれども、変わったのはペーパーの上だけ。結局、村は変わらなかった」

多くの途上国では、末端まで法律を徹底させるのは不可能に近い。また、行政システムが不完全であるために、中央の決定が地方に降りてくるまでに長い時間がかかる。したがって、政策や法律が変わっても、プラスの影響を村がすぐに受けるケースは、それほど多くない。だからこそ、ＮＧＯは常に「現場を変える」ことに主眼を置き、政策提言の成果が村レベルに届き、村人が真に利益を得ているかを監視しなければならない。そこに、外部者であるＮＧＯの大きな価値があるのではないだろうか。

エピローグ

長い駐在を終えて

ラオスの村には美しい蘭の花がたくさん自生しており、
タイやベトナムの業者が買い付けに来ては運び出す

この本を書いた目的は大きく分けて二つある。

一つはNGOが現場で実施している活動の記録だ。通常NGOでは、プロジェクトごとに何を行なったかを整理し、実績を評価し、成果と残された課題をまとめる。そうした事実を述べた報告書には、もちろん大きな意味がある。しかし、あらゆる活動にはさまざまな悩み、苦しみ、楽しさを含んだ試行錯誤の長いプロセスが存在し、それらを経て初めて成果が生まれる。こうした活動のプロセスを詳細に書き記した記録や書籍は、意外に少ない。私自身も現場で活動する際に適切な参考書がなくて、苦労した。

一人ひとりの経験は、たしかに小さいかもしれない。とはいえ、それがたくさん集まれば、国際協力や開発に携わるNGO全体の蓄積となる。したがって、自らの経験を記録して、今後NGO活動をめざそうとする人たちに伝えていくのは、現地駐在員の責任とも言えるのではないだろうか。

もう一つは発信である。豊かな森に暮らすラオスの人びと、彼らに起きた出来事、援助が生み出す新しい貧困、その貧困と日本とが決して無関係ではないという事実、そして多くの問題に直面するなかでしだいに生まれたNGOという存在の問い直し……。これらのすべてを、私と同じように国際協力や開発に携わっていたり、将来かかわりたいと思っている人たちに発信し、共有し、ともに考えたかった。

この二つは、日本への帰国後もラオスという国と国際協力という仕事に対して自分が貢献できる活動だろう。とくに、日本に向けた情報の発信は、本来ラオスにいる間に取り組まなければならなかったにもかかわらず、実際にはほとんど実現できなかった。自分が現場でやり残した役割を果たしたいという想いも、この本を書いた大きな動機である。

二〇〇九年二月に私はラオスを離任した。四年弱の間には実にさまざまな出来事が起こり、解決できた問題もあれば、未解決のまま残された問題も少なくない。

現地駐在員は常に追われている。日本では助成団体の資金提供期間の大半が三年であるという事情から、開発プロジェクトの実施期間も三年である場合が多い。三年というのは、思いのほか短い。

プロジェクトが始まって一年半で、早くも中間評価が行われる。評価の準備には最低二カ月かかる。当然、日常の活動を行いながらだ。中間評価が終わると、一カ月で報告書を仕上げなければならない。最終評価は終了半年前に行われる。やはり準備に二カ月、報告書の作成を含む事後処理に一カ月を費やす。こう考えると、プロジェクトだけに集中できるのは実質二年にすぎない。

現地駐在員はプロジェクトのマネージメントに加えて、広報、予算の確保、政府との契約や調整などの仕事を、ときには一人でこなさなければならない。ローカルスタッフには常に「実施した事業の振り返りが大切だ」と言っておきながら、現実的にはその余裕はほとんどない。

私もラオスに駐在している間は、じっくり考える時間がなかった。ラオス人スタッフとの日々のやり取り、多くの出来事、村で直面した問題への考察などは、手帳の後ろのページに書き込むのが精一杯。消化されないまま、疑問という形で蓄積されていった。この本のベースになったのは、そうした手帳の走り書きである。そして執筆は、書き込んだ出来事や問題を整理し、ラオス駐在中にはできなかった振り返りを行い、そこから生まれた疑問を紐解く旅でもあった。

すでに述べたように、ラオスで活動する間に私をもっとも苦しめたのは、「外部者としてのＮＧＯ」という自らの立ち位置だ。ＮＧＯで働こうとする人の八割以上は、政府間の援助ではできない、本当に現地の人びとのために役立つ支援を行いたいという期待をもっているだろう。私もその例外ではなかった。ところが、実際に現場に出ると、自分がＮＧＯであるというプライドを保つことは非常にむずかしい。

もはや、草の根の援助活動はＮＧＯの専売特許ではなく、ＮＧＯと企業や政府の事業の間の垣根は低い。その一方で、相変わらず大きいのは資金力の差だ。企業や政府は常に資金力を背景に優秀な人材を次々に雇用し、効率的に事業や支援を進める。しかも、大きな予算をもつ企業や団体に対する現地政府の対応は明らかに違う。資金も政治力も乏しいうえに、支援内容もたいして変わらないとすれば、ＮＧＯが活動する意味はどこにあるのか。カムアン県の片田舎で私の悶々とした日々が続き、疑問は解消できなかった。

この本の執筆によって自分の経験を整理していくなかで、そうした疑問のいくつかには自分なりに納得のいく答えを出すことができたと思う。ただし、それはあくまで現時点での結論である。おそらく、一つだけの正解はないだろう。永遠にその答えを探し続け、自らの活動の意味と価値を問い続けていくことこそが、ＮＧＯがＮＧＯらしくあり続けるために不可欠な要素なのではないだろうか。

〈解説〉現場で鍛えあげた活動者の哲学

谷山博史（日本国際ボランティアセンター代表理事）

■村人に寄り添って解決策を見出す

二〇〇七年一月、私はラオスを訪ねた。JVC代表に就任後、最初のプロジェクト視察である。たった二日間のカムアン県滞在であったにもかかわらず、ラオスの村人がさまざまな大規模開発事業に翻弄されていることを目の当たりにさせられた。

ヒンブン郡K村での視察を終えて、区長の家で昼食をごちそうになっていたときである。区長がおもむろに話し出した。日本の製紙会社が「村の保護林と利用林に植林をさせてほしいと何度も交渉に来る」というのだ。

この意外な話に、新井さんと私は耳を疑った。新井さんは流暢なラオス語で、静かに、それでいて粘り強く、区長の話を引き出していく。区長はこの話をしようかどうか迷っていたもしれないが、彼女の熱意に促されて事情を詳しく明らかにした。おそらく、話のなりゆきをうかがっていたのであろう。村長や別の長老も話に加わってきた。

この村では、ダム建設の影響で魚が獲れなくなり、洪水がひどくなったため稲作もあきらめざるをえなくなったという。さらに、保護林と利用林が伐採されれば村人の生活がどうなってしまうか、新井さんはいやというほどわかっていた。彼女は「私が何とかします」と区長たちに請け合ったのだ。私はそのとき、新井さんが胸をそらしてポンと叩いたような気がした。このときから、新井さんとJVCの、巨大製紙会社との長く苦しい交渉が始まる。彼女は本書でこう述べる。

「NGOは徹底的に『現場を変える』ことにこだわっていくべきだろう」（一六六ページ）

新井さんはまた、NGOは草の根の支援活動でミクロの問題を解決すると同時に、外部からもたらされる開発の負の影響に対してマクロレベルでの解決に取り組むべきだ、とも述べている。K村での植林はなんとか止められた。しかし、今度は隣の村が植林の候補地になり、結局、土地を収用されてしまう。彼女は、県や郡レベルで解決可能な問題への働きかけは「いま起きていることの解決」にはなるが、「将来起こることの予防」にはならず、モグラたたきの連続だと言う。

このときJVC本部は、ラオスの現場からの依頼と指示で、この製紙会社の本社に対して再発防止のための内部統制システムの改善を働きかけていた。モグラ叩きで終わらせず、K村のようなことを二度と繰り返さないためだ。そして、この働きかけをもっとも強く推し進めていたのは、ほかならぬ新井さん本人である。

私が新井さんとプロジェクト現場を視察しているときに起きた問題は、これだけではない。ナムトゥンⅡダムの建設に伴って立ち退かされた村人の移住地に近接する村の共有林が移住者に利用できるように再区分されることが決まったという情報が、ＪＶＣラオスの森林担当であるスックニーダからもたらされた。この共有林は、ＪＶＣの支援によって登録されたものである。新井さんは急遽スタッフと対応を協議し、ダム周辺の開発を手掛けるナムトゥンⅡパワー・カンパニーとカムアン県に事情聴取と再区分を中止する働きかけを行うことを決めた。

まさに、息つく暇もない活動である。「開発」の名のもとに、それも「貧困削減」という名目のもとでラオスに入ってきた事業によって、村人が追い詰められていく。そうした事態がいかに頻発しているかも、よくわかる。

ラオスの村人に寄り添いつつ、常に自分を客観視して、次から次へと起きる問題に向き合い、解決策を見出そうとする新井さんの言葉は重い。開発の専門家とかＮＧＯのワーカーといったお仕着せのポジションに安住しない。それは、彼女の「開発」と「貧困」という言葉に対する疑問に如実に表れている。「貧困」は外からの「開発」によってもたらされるのではないかという疑問を徹底的に掘り下げ、やがて、それは確信に変わっていく。

この本の醍醐味は、こうした認識の変化が、日常で出会った村人の言葉、活動の失敗、心に引っかかる違和感などの多重な因子が互いに絡み合いながらほどけていく過程として描かれているところにある。それは観念の遊びではなく、現場の哲学といっていい。なぜ、貧しいのに村人は米を食べられるのか。なぜ、農地が与えられても農業をしないのか。なぜ、配布した果樹の苗は枯死したのか。数々の疑問が、読み進むうちに、まるでミステリーを読み解くかのように明らかになる。

■現場で考えた豊かさと「貧しさ」

そして、村人の暮らしへの温かい関心と村人のたゆまない努力に対する尊敬が、村で起こる出来事に対する深い洞察を生み出す。それは次の言葉に表れている。

「村人は物質的に豊かな暮らしをしているとは決して言えないが、飢餓も戦争もなく、自然資源に恵まれている。言い換えれば、物質的な豊かさ以外はすべて満たされているのではないか」(一四五ページ)

「(村で起きている)現在の貧困は過去から連綿と続く慢性的な貧しさではなく、近年にな

って起きているのではないだろうか」(一四四ページ)

実は、一九八八年から九一年まで私はＪＶＣラオスの代表を務めていた。ソ連やベトナムに倣ってラオスが経済自由化の緒につき、隣国タイがラオスの森林資源を狙って進出し始めていたころである。

タイは一九七〇年代から八〇年代の経済成長の過程で、国内の森林を伐採し尽くした。そして、商品経済の推進によって、各地で土壌の疲弊と農民の借金が大きな問題となる。なかでも、ラオスと同じ言葉を話す東北タイの状況は深刻で、出稼ぎや娘の身売りが当たり前となっていた。

そんな東北タイで、村人とＮＧＯによって、かつての豊かなイサーン(東北タイ)を取り戻そうという運動が始まる。ＪＶＣラオスは、こう考えた。ラオスの村人が東北タイの村人との交流によって「豊かなラオス」に自信をもち、タイのような過剰開発を回避できるのではないか。

当時ラオス人が東北タイの村を訪れると、必ず「ラオスの森はどうなっているのか？ どんなものが採れるのか」と聞かれ、ラオスの村を訪れたタイ人は、その森の豊かさに驚きの声を上げた。ラオスが今日のような開発プロジェクトのオンパレードになる前の話である。

なぜこのことを書いたかというと、第7章で新井さんが「どうしても忘れられない」と述べて、以下の村人の言葉を紹介しているからである。
「外から人が入ってくるようになって、自分たちは貧しいことを初めて知った」(一四四ページ)

この言葉には二重の意味があるように思う。ひとつは、外国人が「お前たちは貧しいから助けてやる」と言って、さまざまなプロジェクトを押し付けるという意味である。もうひとつは、開発プロジェクトそのものが森や川などの自然の資源や村人の知恵と助け合いの仕組みという数々のセーフティネットを壊し、その結果として現金のみに依存しなければならない生活を強いられるという意味である。お金で比べたら、ラオス人はまったく「貧しい」のだ。

この言葉がいかに印象的であるか、また新井さんをしてなぜ「どうしても忘れられない」と言わしめたかは、この本を読めばよくわかる。村の農業のありようや技術、村人がどの時期に何を栽培し、何を採取しているか、村の助け合いの仕組みなどを精緻に観察していればこそである。

そして、村人の側から外部者を見たとき、外国企業や国際金融機関や外国政府の援助機関やラオス政府が「ラオス(の村)にもたらすもの(中略)と、彼らがラオスから持ち出すものとでは、どちらが多いのだろうか」(一四九ページ)という疑問に行きつく。同時に、その批判はＮＧＯにも向けられる。私自身が二〇年以上かけて悩み抜いてきたことを、この若く真摯なＮＧＯワーカーは三年九カ月の凝集した時間のなかで苦悶し、みごとに昇華させた。

ＪＶＣは常に現場からの批判と問いかけによって国際協力の本質を掘り下げ、見失わずにきたと思っているが、この本はこれでもかこれでもかと私たちを叱咤勉励してくれる。これからＮＧＯで活動しようとする人にも、現場で悩んでいるＮＧＯワーカーにも、またとない指針を与えてくれるであろう。

ＪＶＣラオスは二〇〇八年の末から、新たな地サワナケート県で活動を始めた。新井さんがラオスの仲間とともに、任期の締めくくりとして立ち上げたプロジェクトである。カムアン県での活動を引き継ぎ、森林保全活動と農村開発という二つの柱で村人の生活の安定をめざしている。カムアン県における経験の蓄積をいかに活かすか。同時に、決して同じものはない一つひとつの村や一人ひとりの村人を見つめ、理解し、同じ目的に向かう協働者として活動できるか。ここに、その成否はかかっているであろう。

＊サワナケート県の事業は、二〇一一年一二月に第一期が終了し、第二期を継続予定である。同県には、大規模な契約栽培や植林など大型の開発事業が多い。ＪＶＣは村人の森に対する権利を守るとともに、森林保全活動や村人の生活を改善する活動（農業技術支援、井戸の掘削など）に取り組んでいる。

おわりに

二〇代の後半で飛び込んだラオスの農村開発の現場は、困難だらけだった。女性で、しかも若いということは、日本でこそときにもてはやされても、途上国の現場ではまったく逆である。男性駐在員は「赴任して行政職員とのコミュニケーションに苦労しました」と言う。だが、私はそれ以前に、同僚であるラオス人スタッフに認めてもらうのに苦労した。とりわけ、私が担当した農業・農村開発チームのスタッフは年齢も身長も高い。彼らと同じ目線で話ができるまでには、半年もの時間がかかった。

多くの苦難を乗り越えて、ようやくチームが一つになれたと実感できた後も、さまざまなことが起きた。たとえば、もっとも信頼していたフンパンが電力会社の引き抜きにあい、突然辞めたいと言ってきたことがある(最終的にはJVCへの残留を決めた)。カムアン県のプロジェクトが終わり、サワナケート県で新しいプロジェクトを始める際は、誰がスタッフに残れるかで、事務所全体が疑心暗鬼の雰囲気に包まれた。赴任前には一本もなかった白髪が私の前髪に表れたのは、こうした精神的に疲弊する出来事の連続と決して無関係ではない。

そのなかで活動を継続できたのは、たくさんの人びとに支えられたからである。常に親身になって私の話に耳を傾けてくださったカムアン県農林局の方たちには、心から敬意を表したい。そして、至らぬ私を頼りにしてくれた多くの村人たち、最後までついてきてくれたブンシンとフンパン。性別や年齢とは関係なく、一人の人間として私に向き合い、付き合いを深めた多くのラオス人が常に周囲にいた。本当に幸せな三年八カ月だったと思う。

このほか、お世話になった方たちは数え切れない。よく夕食に招いてくれたシンちゃん。たまに時間があるときのおしゃべり相手だった近所に住むランパン。帰国後も一カ月に一度は必ず電話がかかってきたサワナケート県のチョム姉さん。仕事もプライベートも相談に乗ってくださったタケーク日本人会の皆さん。よきアドバイザーだったＪＶＣカンボジア、ベトナム、東京の同僚たち。そして、示唆に富む解説を書いてくださったＪＶＣ代表理事の谷山博史さん。多くの人に支えられているからこそ自分は存在していることを初めて実感し、周囲の人たちの大きさと自分の小ささに気づかされた三年八カ月でもあった。

こうした方々と、私を大きく育ててくれたラオスへの感謝の言葉で、この本をしめくくりたい。本当にありがとう。

二〇一〇年五月

新井綾香

〈著者紹介〉
新井綾香（あらい・あやか）
1977 年　埼玉県川越市生まれ。
2001 年　立教大学経済学部卒業。
2005 年　日本国際ボランティアセンター（JVC）ラオス駐在員として、農業・農村開発に従事（09 年まで）。
共　著　『社会に尽くしますか、会社に尽くしますか』（凡人社、2005 年）。
現　在　セーブ・ザ・チルドレン・ジャパン職員（ベトナム、ミャンマー担当）。
連絡先　arai@savechildren.or.jp

ラオス　豊かさと「貧しさ」のあいだ

二〇一〇年六月一五日　初版発行

著　者　新井綾香

写真提供　日本国際ボランティアセンター
発行者　大江正章
発行所　コモンズ

東京都新宿区下落合一―五―一〇―一〇〇二
TEL〇三（五三八六）六九七二
FAX〇三（五三八六）六九四五
振替　〇〇一一〇―五―四〇〇一二〇
info@commonsonline.co.jp
http://www.commonsonline.co.jp/

印刷・東京創文社／製本・東京美術紙工

乱丁・落丁はお取り替えいたします。

ISBN 978-4-86187-072-9 C 0036

＊好評の既刊書